# 用生命築長城

## ——F-104星式戰鬥機臺海捍衛史

作者／王長河　葛惠敏

指導／唐飛

# 序／唐飛

F-104星式戰鬥機是世界上第一種可達兩倍音速的戰機，由美國洛克希德公司所設計的第二代戰機。該型機跳脫當時更大更重的設計趨勢，專為爭取空優，設計強調輕盈與簡單。此機型在當時是因應西德國防需求下的劃時代科技新寵，裝配了「空電四系統」，集先進科技於一身。引進我國後成為防空主力的全天候、倍音速高空攔截戰機，但囿於我國工業能力與運作制度落後於西方，造成飛行人員負荷大、換裝及後勤維修等多方困境。然此型戰機又有諸多特殊的操作限制，因此，當年能接受換裝的飛行員均為一時之選，要能操作此戰機，端賴飛行人員以高超的技術，靈巧與細心的操作方能克服。

我國自1960（民49）年先後自美國軍援與軍售F-104星式戰鬥機，計有A/B/D/G/J等各機型共獲得二百餘架，服役至1998（民87）年除役，在這38年個年頭，曾創造擊落米格機的紀錄，捍衛臺海空優，掌握制空權，成為維護臺灣空防的重要力量，也確保了自由民主的防線。戰機在臺灣總飛行時數達 38 萬餘小時，但損失也超過了百餘架，其中雖有因疏忽所肇致的不幸，但也有空軍大無畏的精神，與至大至剛的忠勇軍魂，觀照著過往歷史，不曾留白。

我國在使用 F-104G 型戰機的歲月裡，空地勤人員全心投入運作使其戰力得以發揮，共同面對備戰與臨戰的壓力，發揮革命軍人的本色，每個人都以共同走過這段歷史為榮。飛行員的眷屬們強大的毅力及默默支持的力量，則是最大的精神支柱。

本書作者王長河以其飛行的親身經歷記述了這一段歷史，書中涵括換裝、檢整、訓練、建立準則、後勤與維修與定位等豐富內容，經由葛惠敏博士整理與編纂成冊，詳載了中國空軍捍衛臺海領空的艱苦歷程，是一本在部隊換裝、建制、運作、失事預防等方面可提供相關人員參考與運用的軍事專業歷史書籍，值得緬懷與推薦！

# 提要

F-104A 型戰機是 1950 年代美國防空司令部針對蘇聯 TU-4 轟炸機威脅下之國防需求產物，其擷取韓戰飛行員經驗所設計的輕型空優戰機，操作具傳統機械與電子線控併用；G 型機是因應西德空軍總司令的作戰需求下，由美國洛克希德公司所設計生產，在當時可說是集先進技術於一身，尤以裝配「空電四系統」更為先進戰機的先河，創下 2.2 馬赫速度及 10 萬呎高度的飛行紀錄，其高速機動之性能，適用於戰略縱深短淺國家之防空作戰，因此，荷蘭、比利時、義大利、加拿大、日本等國均跟進選用。

中華民國為民主自由的燈塔與基石。1958（民 47）年中共發動臺海戰役，企圖於奪下金門後渡海攻略臺灣，美國為維護東亞和平及遏止共產主義擴張，讓我國成為最先獲得 F-104 戰機的美國海外盟邦。F-104A 型機於 1960（民 49）年 5 月 17 日開始軍援中華民國，1998（民 87）年 5 月 22 日最後的 G 型機除役，在 38 年的服役歷程中，F-104

戰機肩負著確保臺灣的空防及國家安全的重任，空軍健兒們枕戈待旦竭智盡忠，犧牲奉獻捨身衛國，將青春歲月留給了浩瀚的臺海長空，成為有效遏阻共產主義擴張的重要力量，臺灣亦得以在中共「赤燄襲捲」的軍事威脅與困阨環境中，政治發展及經濟建設逐步成長茁壯，此種貢獻非常人所能識解。

F-104 戰機部隊成員都是空軍的菁英，建立了制度與文化，創造了許多第一。然而，如此先進的戰機，超越了當時的工業工藝技術，單座機超過個人操作極限，除無法發揮其系統全功能外，更易因操作失當而肇致失事。因而更是留下了許多血淚交織的悲壯事蹟，供後人惕厲及緬懷。

# 目錄

# 圖目錄

# 表目錄

# F-104 戰機緣起

圖 1・ 第 83 戰鬥中隊停放在桃園空軍基地的 F-104A 型戰鬥機

1958（民 47）年 8 月中共發動臺海戰役[1]，爆發第二次臺海危機，美國為圍堵共產主義擴張及確保自由世界的安全，9 月中旬自美國加州本土派遣 F-104A 型戰機 1 個中隊—第 83 戰鬥機攔截機中隊（83rd Fighter Interceptor

1. 粟國成，〈一九五八年「臺海危機期間臺美中間之反應與互動」〉，1954（民 43）年 9 月中共發動金門砲擊，一般稱為「第一次臺海危機」，1958（民 47）年中共對金門發動「八二三砲戰」，稱為「第二次臺海危機」，《國家發展研究，第四卷，第一期》，2005（民 94）年 5 月 7 日，頁 2。

Squadron）派駐桃園機場協防臺灣，[2] 代號「約拿神蹟行動」（Operation Jonah Able）[3]，之後並交運 AIM-9B 響尾蛇飛彈予我國空軍[4]，始穩定政治情勢 ( 如圖 1)。

圖 2・ 羅化平中校率領之雷虎小組

1959（民 48）年 4 月 15 日，羅化平中校率雷虎小組 12 位成員，應邀參加在美國拉斯維加斯（Las Vegas）舉辦

2. 祖凌雲，〈我的早年空軍生涯〉，《博訊文壇》。http://blog.boxun.com/hero/2006/xsj1/91_5.shtml；http://nrch.cca.gov.tw/ccahome/getImage.jsp?d=1380242156219&id=0000895764&filename=cca220001-hp-cdn0054445-0001-i.jpg

3. 郭克勇，〈Kelly Johnson and F-104〉，《CAFA 園地》，2013 年 12 月 25 日。美國於 823 砲戰期間使用 F-104 戰機協防臺灣，係採用「約拿神蹟 Operation Jonah Able」為援助代號，這是引用聖經舊約的記載。上帝派遣先知約拿 (Jonah)，藉由海上鯨魚肚子，將他帶到以色列守護聖地。1958 年 9 月 8 日美軍使用 C-124 運輸機 (Globemaster 暱稱飛行鯨魚 Flying Whale)，將駐防在加州漢米敦空軍基地 (Hamilton AFB) 第 83 攔截機中隊 (Fighter Interceptor Squadron) 12 架 F104( 約拿 ) 戰機先後空運來臺駐防桃園。

4. http://zh.wikipedia.org/wiki/F-104 星式戰鬥機

的第一屆世界航空展，[5] 創造以 F-86 軍刀機 9 架進行「低空編隊滾轉」及 12 架「炸彈開花」的世界紀錄，飛行技術讓全場驚嘆，[6] 也讓美軍見識到中華民國空軍的實力，願意提供更先進之 F-104G 型機予我國，增強我空軍戰力，作為自由民主陣營的尖兵 ( 如圖 2)。[7]

此際，中共空軍已完成大陸東南沿海多處空軍基地之興建，並逐步換裝新銳之俄製 MIG-19 型戰機，大陸東南沿海兵力量增，犯臺意圖明顯，對我國構成嚴重之軍事威脅。[8] 時任國防部長俞大維先生基於急迫空防的需要，將有限的國防資源先強化空軍，決定「放棄裝備 3 個陸軍師，也要先換裝空軍 1 個 F-104A 中隊」，期能獲得並掌握海峽制空權，以打破中共犯臺迷夢，此舉不但使我國空軍成為美國盟邦中最早獲得 F-104 型戰機的外國部隊，同時確切的掌握臺海地區的局部空優及制空權，壓制了共軍犯臺的企圖，並奠定了臺灣在以後 30 年經濟穩定發展的基礎，創造出臺灣經濟奇蹟。

5. 雷虎小組共 12 位組員，原採用 9 機表演，3 機預備機，美軍提供 F-86 型機 12 架飛機，改噴中華民國國徽。在轉場過程中，採 12 機編隊航行，途經雷雨區時間長達半小時以上，隊形完整，令美軍折服。唐飛口述，林口：中華戰史文獻學會，2019（民 108）年 3 月 20 日。

6. http://www.100pilots.com/fei-xing-yuan-de-gu-shi---di-er-ji/thunder-tiger

7. 唐飛口述，臺北：空軍官兵活動中心，2013（民 102）年 3 月 16 日。

8.《空軍年鑑》，中華民國 49 年度（1959（民 48）年 7 月 1 日至 1960（民 49）年 6 月 30 日）（臺北：空軍總司令部），頁 187。

圖 3・ 由范園焱義士駕駛降落臺南空軍期地之 MIG-19 型戰鬥機

由於 F-104 型機是當時劃時代科技新寵，以其高速鑽升能力，兩倍音速的空速及全天候作戰能力，使得其他傳統戰機皆相形失色，所以在戰備整備及戰術、戰略、整體國防，都跟隨著要有新著眼、思維和考量，以適應空防上的新趨勢。[9]

對我國而言，換裝 F-104 型機是一項重大建軍備的挑戰，凡基地整建、人員招募、換裝訓練、修維護能量與制度建立、戰備整備、失事預防、壽期延長等不一而足，更

9. 葛熙熊口述，臺北：臺北高爾夫球俱樂部，2013 年 9 月 17 日。

要配合國家戰略、國防需要、建軍備戰等因素，全面規劃工作方針。

中華民國空軍 F-104 型機自 1960（民 49）年 5 月 15 日第一架引進，至 1998（民 87）年 5 月 22 日除役止，共 38 年。先後由美國軍援[10]與軍售（F-104A/B/D/G、RF/TF-104G），及原軍售西德、丹麥、比利時、日本等國除役後存留之 F/TF-104G、F-104J/DJ 戰機計 11 批 238 架；[11]在臺服役期間，總飛行時數達 38 萬小時，計有 114 架失事墜毀，62 名飛行員殉職，多數飛行員駕飛 F-104 戰機時數達 1~2 千小時，[12]其中孫國安中將更是箇中翹楚，個人飛行時間之 F-104 戰機總時數達 3,115 小時（如圖 4），譚宗虎少將為次。為不使青史留白，特為此文，以 F-104 型機在空軍建軍備戰的過程作研究途徑，採文獻分析及訪談法，見證歷史，以啟後進。

---

10. 中華民國於 1950（民 39）年至 1970（民 59）年間接受美國軍事援助，美國國防部決定援助的武器項目，中華民國無自主權。軍援停止後，所有武器均需由中國民國政府國庫出資購買，美國各大軍火商始前來臺灣展示各項武器及開拓市場，但臺灣可以買什麼，不可以買什麼武器，還是要看美國政府告知。
11. 含 60 餘架備用的拆零機。
12. 田定忠，《藍天神鷹－飛將軍七度空中歷險記》（臺北：時英，2011（民 100）年 11 月），頁 191。

圖 4．1976 年空軍第 7 中隊長孫國安中校

F-104 星式戰鬥機（Starfighter）由洛克希德公司（Lockheed Corporation）的工程師凱利強生（Clarence Leonard Kelly Johnson）針對蘇聯 TU-4 戰略轟炸機的威脅，彙集韓戰飛行員意見與經驗所設計發明的空優型戰機。

早在設計之初，供 F-104 選擇的發動機有三具，分別是艾利生廠的 J-71（後燃推力 14,000 磅）、普惠廠的 J-75（後燃推力 21,000 磅），以及通用電氣（或翻成奇異）的 J-79（預計後燃推力 15,000 磅）。

最後洛克希德選定了當時尚在研發的 J-79 發動機為 F-104 的動力來源，仔細分析 J-79 雀屏中選的原因，對講求「輕、快、高」的 F-104 而言，擁有比其他兩者更低的耗油率與重量、更高的推重比的 J-79，無疑是最佳的選擇。

然而 J-79 的研製時程無法追上 F-104 機的發展進度，

這使的洛克希德必須選擇另一具發動機為過渡期所用的發動機，連帶的原型機 XF-104 機身必須做出與原設計圖紙上不同的修改。[13]

1954（民 43）年 2 月 7 日，第一架 XF-104（序號 53-7786）原型機出廠。2 月 24 至 25 日，該機在嚴格保安下被運往愛德華空軍基地。洛克希德廠的試飛員 A · W · 托尼 · 勒維爾擔任首席試飛員。同年 2 月 27 日，XF-104 開始滑行試驗，由於 J-79 發動機研製進度延宕，使用萊特公司研製的無後燃器 J65-B-3 渦輪噴射發動機。1954（民 43）年 10 月 5 日，裝備 J65-W-7 的第二架 XF-104（53-7787）首次試飛。

J-79 發動機在 1954（民 43）年完成，而真正導入 J-79 的 F-104 － YF-104A 此時才開始製造，在 1954（民 43）年 3 月，美軍和洛克希德簽約訂製 17 架換裝 J-79 的 F-104。

YF-104A 型機在 1956（民 45）年 2 月 17 日首飛，這 17 架先導量產機進行相關飛行測試。然而 J-79 後燃器的開發延誤，以及美國空軍要求整合 AIM-9 響尾蛇飛彈，導致 F-104 服役進度一再拖延，直到 1958（民 47）年 1 月下旬，首架正式量產型 F-104A 才撥交給美國空軍服役。美國加利福尼

---

13. 巴哈姆特，〈F-104 星式戰鬥機〉。https://forum.gamer.com.tw/C.php?bsn=60208&snA=4557

亞州哈密爾頓空軍基地（Hamilton AFB）的第 83 攔截機中隊是第一個裝備 F-104A 的部隊，該部隊於 1958（民 47）年 1 月 26 日開始換裝 F-104A，並於 2 月 20 日形成初始作戰能力。美國防空司令部所屬的第 56 中隊、第 337 中隊、第 538 中隊也相繼裝備。[14]

1958（民 47）年 12 月，最後一架 F-104A 型機交付美國防空司令部，總數 7 批共 153 架全部交付完畢，加上 17 架最後升級的 YF-104A 型機，總數達 170 架，遠少於當初計畫生產的 722 架。

F-104A 型機初始設計為日間近程制空戰鬥機，由此提出的各項指標、技術要求和截擊機並不完全一致，但短航程限制了該機在阿拉斯加部署的能力。因未能滿足北美防空司令部的要求，5 個中隊均未部署於北美空防第一線的阿拉斯加地區。此外，因不具備全天候作戰能力，也無法與北美防空體系的半自動地面引導攔截系統（SAGE）相容。因此，在防空司令部所能發揮的作用極其有限，到 1960（民 49）年底就退役了，被麥克唐納的 F-101B 巫毒和康維爾 F-106A 三角標槍全天候攔截機所取代。

1960（民 49）年，隨著 F-104A 型機從防空司令部退

---

14. http://zh.wikipedia.org/wiki/F-104 星式戰鬥機

役，移交後備國民兵聯隊（Air National Guard）使用，24 架 YF-104A 和 F-104A 型機被改裝成無線電遙控靶機，型號改為 QF-104A。該機全部噴上紅色條紋，交付佛羅里達州埃格林空軍基地的 3205 靶機中隊使用。1963(民 52)年，3 架美國空軍退役封存的 F-104A 型機（56-756，56-760，56-762）被重新啟封，改裝為訓練太空人使用的教練機，其型號改為 NF-104A。[15]

然洛廠 F-104 型戰機並未停止生產，以不同型別輸出至北大西洋公約國家（德國、比利時、丹麥、希臘、荷蘭、挪威、義大利、西班牙）及約旦、土耳其、巴基斯坦、日本、中華民國等。2004（民 93）年義大利空軍 F-104S 型機劃下服役的最後句點，從此退出藍天長空與血腥戰場，然其特殊的機身設計與性能，及保有多項的世界紀錄，留給世人無限的懷念。[16]

在軍事航空史中，F-104 型機是二次大戰之後發展出來性能優越的戰機，共計生產 2,578 架，在大戰結束後的東西冷戰對峙時期，為世界和平做出了相當的貢獻，更是在國共隔海叫囂與對峙當中，為捍衛臺灣安全與東亞和平

15. http://zh.wikipedia.org/wiki/F-104 星式戰鬥機

16. 貢永新，〈Kelly Johnson and F-104〉，2013 年 6 月 28 日。

付出了近半個世紀的心力，讓中華民國能在風雨中屹立不搖，也見證了一段難以抹滅的歷史，她們留給世人的都是一篇篇扣人心弦的故事，有些故事令人津津樂道，有些內容則讓人感慨萬千。

F-104 型機是第二代輕型空優戰機，強調高速攔截之性能，因此推力大、重量輕、機鼻成圓錐狀、機身長而流線、機翼短薄、高聳的垂直 T 形尾翼設計。整體而言，其外形酷似飛彈，完全顛覆傳統的印象；內裝上也有諸多先進裝備，增加機載搜索雷達、中央處理器電腦、自動駕駛儀、慣性導航儀、邊界層控制裝置、失速警告裝置等，滑油存量表使用氪 85 放射性同位素的 γ 射線來探測滑油量、液壓伺服器控制飛行操縱面、全面電晶體化的自動飛行控制與導航系統。

F-104G 型機的彈射椅除了德國的 F-104G 外使用的都是洛克希德公司的 C-2 彈射椅，但德國的 F-104G 採用的是馬丁貝克公司的 Q5 向上彈射椅，使用之初曾造成數名飛行員喪生，在地面實驗後才發現，Q5 彈射椅本身設計有問題，降落傘包位置擺放有誤，導致飛行員過於前傾，彈射後會碰觸到座艙罩框架，加以改正後才讓德國的 F-104G

飛安問題改善 ( 如圖 5)。[17]

圖 5・F-104 使用之彈射座椅 C-2( 右 ) 及馬丁貝克 GQ7A
( 摘自 http://www.ifuun.com/a2017112973111908/)

F-104 型機擁有最佳的推重比及推阻比，1958（民47）年創下 2.2 馬赫飛行速度及 10 萬呎以上飛行高度之紀錄，[18] 在當時是嚇阻共產勢力擴張的最佳空防利器。

為了提升垂直機動性及高速性能，F-104 型機的翼負荷很高，為了降低起降速度，還採用了邊界層控制

17. https://zh.wikipedia.org/wiki/F-104 星式戰鬥機
18. 宋玉寧編著，《F-104 星式戰機》（Lockheed F-104 Starfighter）（臺北：雲皓出版，1998（民87）年），頁 60-66。

（Boundary Layer Control, BLC）技術，從而成為世界上第一架採用這種技術的戰鬥機。其原理係由 J-79 發動機提供壓縮空氣至襟翼表面，增加氣流，增大上下翼面間之壓力差，意在提升飛機低速飛行時的升力；因此在低速飛行時，飛行員必須維持發動機轉速在 83% 以上，才能確保發動機能提供足夠的壓縮空氣供應至 BLC 系統，以維持所需之升力。此種設計主要用於起飛及落地時，可確保飛機於低速飛行階段所需之安全升力。常規襟翼放下後，在其上表面會產生紊流 (Turbulent Flow)，從而導致襟翼之升力效率下降。F-104 型機則從發動機第 17 級壓縮葉片處引導壓縮氣體至襟翼、機翼結合處，當襟翼放下至 15 度時，引氣系統開始工作，當襟翼達到 45 度最大角度時，引氣系統也處於全開狀態。高壓氣流從襟翼鉸鏈線處的狹縫沿襟翼上表面噴出，減小了由於邊界層分離而導致的紊流，從而提高了襟翼效率，失速速度因此減小了 15 浬 / 時。全展向前緣襟翼和後緣襟翼聯動，用於飛機起降和低速運動。副翼比較特別，只能單向偏轉，並且受後緣襟翼影響，當後緣襟翼處於全放下位置時，副翼只能達到最大偏角的 65%。[19]

---

19. https://zh.wikipedia.org/wiki/F-104 星式戰鬥機

F-104A 型戰機為設計之原型機，其後因應不同國家及不同戰場之需求，後續發展成為多種類型。F-104A/B 及 F/TF-104G 型機為美軍軍援及軍售中華民國之主力機種。F-104G 為 F-104C 的改良版，由北約國家共同提出作戰需求而設計，故又稱「共同型」。機體結構重新設計，提高了結構強度與可靠性，改進了機載設備，火控雷達增加了掃描搜索功能，使用 J-79GE-11A/B 軸流式噴射發動機一具，最大推力 15,800 磅（含後燃器），裝配 M-61 型 20 厘米 6 管火神砲 1 門，射速高達每秒 50 發，機翼可掛載翼尖（副）及派龍油箱（Pylon drop tank）、BLU-1B 汽油彈、各式通用炸彈、響尾蛇飛彈或火箭筒等，全機最高可掛不同外載 4,000 磅；飛機裝備最新型電子裝備、自動俯仰控制系統及洛克希德公司 C-2 或馬丁貝克公司（Martin-Baker Aircraft Co. Ltd.）的彈射椅，[20] 在當時可說是集先進科技於一身，堪稱為多用途具全天候作戰能力的戰鬥機。

F-104 型機屬後機械時代的戰具，並兼備早期的電子操控系統，複雜的系統設計、靈活且不安定的飛機特性。飛行人員操作負荷較重，操作人員必須熟悉飛行準則與飛

20. C-2 座椅「腳刺」的作用，在自動彈射跳傘時將飛行員兩腳從踏板上拉至定位，以免座艙隔框造成危害。

行特性，並確遵飛行規定、嚴守飛行紀律，方能有效的發揮飛機的性能及戰力。

由於 F-104 型機快速攔截之高速性能，飛機操作繁雜且快速反應，常肇致人員反應不及或無法同時監控全系統疏失，而導致失事頻傳；其次機翼短薄，推力大，升力必須靠油門控制，而起飛及落地階段均須高速操作。升力不足失速及起落滾行意外，亦是肇致失事的主因之一。據統計每十萬小時最高時會有近 31 次的意外產生，是所有噴射戰鬥機失事率最高的機種。以西德為例，總計接收與生產共同發展計畫的 F-104G 型機 916 架，服役 31 年期間，失事墜毀高達 292 架，其中有飛行員 116 名殉職，171 名彈射跳傘後獲救，含 8 位有 2 次跳傘逃生紀錄者，歐洲國家對 F-104 型機因此有寡婦製造者（Das Witwenmacher、英文 The Widowmaker）、飛行棺材（Fliegender Sarg、英文 Flying Coffin）的不雅謔稱。[21]

21. 賈永新，〈Kelly Johnson and F-104〉，2013（民 102）年 6 月 28 日。

# 換裝與檢整

## 清泉崗基地興建

清泉崗機場前身為日本據臺時代於 1936（民 25）年興建之「公館飛行場」；1950（民 39）年臺灣省政府將臺中「公館」地名變更為「清泉崗」;1954（民 43）年依《中美共同防禦條約》，國府在駐臺美軍顧問團（MAAG）協力下，徵收了公館機場與周邊土地，共同進行機場擴建，以作為 B-47 型戰略轟炸機 12 架駐防使用；1955（民 44）年開工建造，工程代號為「陽明山計畫」，工期歷時 8 年完成，加強基地阻絕設施、油彈儲存庫房、擴大運作空間、擴增維修廠棚，與增長跑道及滑行道長度等，初名仍為「公館空軍基地」；然蘇聯於 1957（民 46）年 5 月 15 日發射 P-7 洲際彈道飛彈，打亂美國戰略布局，美軍退出「合建」計畫，改為「協助」國軍興建。

1964（民 53）年越戰升級，成為美軍 B-52 轟炸機、C-130 運輸機、C-141 運輸機、KC-135 空中加油機及協防警戒作戰之 F-4C、F-104C 戰鬥機等部隊駐防及整補基地；1966（民

55）年 3 月 20 日更名為「清泉崗空軍基地」，代號為「CCK」。

## 阿里山換裝計畫

中華民國空軍換裝 F-104 型機代號為「阿里山」，共 11 號計畫中，1~6 號計畫屬「軍事援助計畫」（Military Associate Program），換裝在美國洛克希德廠生產的 F-104A/B 及 F/TF-104G 型機，每個計畫代表一個換裝中隊；7 號以後的計畫屬「軍售計畫」，7 號以裝配及補充清泉崗基地之三個作戰中隊為主，8~10 號計畫是換裝美國授權盟國所生產的「共同發展計畫」F/TF-104G/J/DJ 型機，以補充清泉崗基地三個作戰中隊及新竹基地三個作戰中隊換裝為主，另改裝 RF-104G 數架補充第 12 隊偵照隊使用。（F-104 機部隊換裝與運用如圖 6；換裝部隊單位主官名冊如表 1）

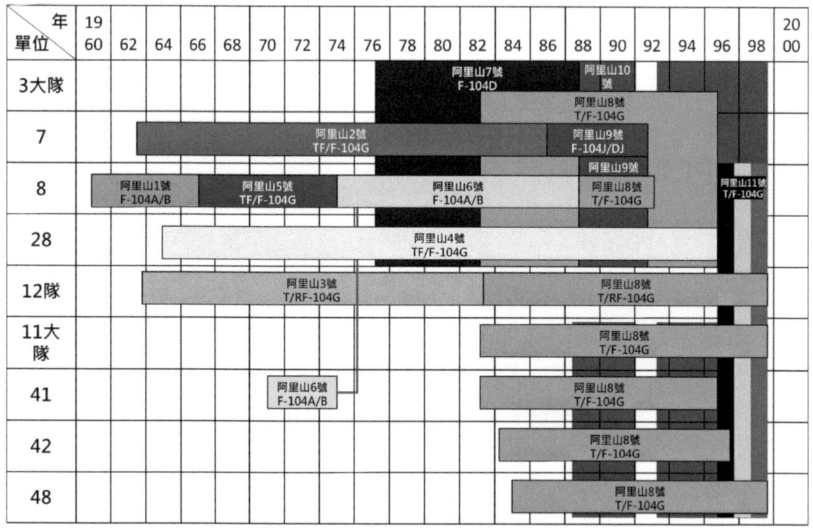


圖 6． F-104 機部隊換裝與運用

表 1． 空軍換裝 F-104 型機部隊單位主官名冊

| 單位主官 | 427 聯隊 | 3 大隊 | 8 中隊 | 7 中隊 | 28 中隊 | 499 聯隊 | 11 大隊 | 41 中隊 | 42 中隊 | 48 中隊 | 12 隊 | 1 指部 |
|---|---|---|---|---|---|---|---|---|---|---|---|---|
| 1960 | 時光琳 | 劉質超 | 晏仲華 | | | | | | | | | |
| 1961 | | 馮得鏞 | 殷恆源 | | | | | | | | | |
| 1962 | | | | | | | | | | | | |
| 1963 | 司徒福 | 郭汝霖 | | 鄭茂鴻 | 溫森堯 | | | | | | | |
| 1964 | | | 萬家仁 | | | | | | | | | |
| 1965 | 張濟民 | 陳燊齡 | | | 陳家儒 | | | | | | | |
| 1966 | | | 祖凌雲 | 萬家仁 | | | | | | | | |
| 1967 | 周石麟 | 張汝誠 | | 趙善滔 | 伍庭槐 | | | | | | | |
| 1968 | | 張少達 | 麥潤明 | | 路效真 | | | | | | | |
| 1969 | 郭汝霖 | 劉景泉 | 張光風 | 唐 飛 | 蕭亞民 | | | | | | | |

| 1970 | | 唐積敏 | 般春萱 | 李子豪 | 鄧維海 | 黃翔春 | 劉景泉 | 孫 平 | | | | 丁定中<br>李全貴 × |
|---|---|---|---|---|---|---|---|---|---|---|---|---|
| 1971 | 劉德敏 | | 王 璪 | 蘇根種 | 謝崇科 | 孟鳴岐 | 鍾德全 | 許銘昌 | | | | |
| 1972 | 陳燊齡 | 陳家儒 | 齊正文 | 林振國 | 沙國楹 | | | | | | | |
| 1973 | | 麥潤明 | 黃顯榮 | 林文拯 | 周振雲 | 劉 紀 | 祖凌雲 | 夏繼藻 | | | | |
| 1974 | 張少達 | 雷定國 | 胡世霖 | | 黃東榮 | | 林文禮 | 孫武泰 | | | 盧義勇 | |
| 1975 | | 孫平 | 孫武泰 | 李作復 | 黃慶營 | 唐積敏 | 唐毓秦 | | | | | |
| 1976 | 梁德智 | | 胡世霖 | 孫國安 | 張建杭 | | | | | | 夏繼藻 | 張政傑 |
| 1977 | 鄭茂鴻 | 唐飛 | 蕭潤宗 | 陳明生 | 丁滇濱 | | | | | | 周振雲 | 張金全 × |
| 1978 | | 般春萱 | 李天羽 | 王寶華 | 陳明生 | | | | | | | 黃植炫 |
| 1979 | 伍廷槐 | 沙國楹 | 周文沖 | 孔學敏 | 周治賢 | | | | | | 黃永厚 | |
| 1980 | 雷定國 | 周振雲 | 劉壽榮 | | 王止戈 | | | | | | 帥立人 | |
| 1981 | | 黃慶營 | 傅忠毅 | 譚宗虎 | 史濟民 | | | | | | | |
| 1982 | 鄧維海 | | 李 山 | 王武漢 | 姚少鴻 | | | | | | 葉定國 | |
| 1983 | | 孫國安 | 王蓉貴 | 莫漢偉 | 葛光越 | 唐 飛 | 陳聲勳 | 裴浙昆 | | | 蕭金澤 | |
| 1984 | 李子豪 | 陳明生 | 宋孝先 | 蔡維綱 | 莫漢偉 | | 王漢寧 | 竇柏林 | 鐘申寧 | 陳燮祥 | 沈海亭 | 陳仁義 |
| 1985 | | 丁滇濱 | 陳仁義 | 黃山陽 | 李天翼 | 范 里 | 陳盛文 | 劉屏瀟 | 江泰廣 | 錢超銘 | | |
| 1986 | 周振雲 | 周文沖 | 陳緩成 | 李少弘 | 金乃傑 | | | 蕭永華 | | | 劉勝信 | 彭魯蘇<br>童雪柏 |
| 1987 | 孫國安 | 譚宗虎 | 王明義 | 張醒光 | 彭進明 | 沙國楹 | 傅慰孤 | 薛東興 | 彭魯蘇 | 傅振中 | | 羅際勳<br>王長河 |
| 1988 | | 傅忠毅 | 戴祥祺 | 葉嘉偉 | 葛熙熊 | 黃慶營 | 王武漢 | | 楊春霖 | | 孫培雄 | |
| 1989 | 王漢寧 | 蔡維綱 | 劉介岑 | 沈遠台 | 林於豹 | 丁滇濱 | 鍾申寧 | 李希憲 | 宋台生 | 吳國禎 | 李少弘 | 魏澤堃 |
| 1990 | 李天羽 | 葛光越 | 李元復 | 陸永維 | 應嘉生 | 陳盛文 | 竇柏林 | 吳慶璋 | 張念華 | 楊 亮 | 梁玉飛 | |
| 1991 | | 黃山陽 | 孫永惠 | | 羅際勳 | 傅慰孤 | 金乃傑 | 田定忠 | 游永松 | 熊湘台 | | |
| 1992 | 周文沖 | 彭魯蘇 | 葛凱光 | | 楊少焜 | 楊在祥 | 蕭永華 | 劉時宏 | 藍志剛 | 毛聖鑄 | 林建戎 | |
| 1993 | | | | | 楊建民<br>陳慶國 | | | 沈先康 | 邱中彥 | 潘斗台 | 趙先覺 | |

| | | | | | | | | | | | | |
|---|---|---|---|---|---|---|---|---|---|---|---|---|
| 1994 | 史濟民 | | | | | 蔡維綱 | 薛東興 | 楊華倫 | 李鐘寶 | 王衍慶 | 潘斗台 | |
| 1995 | | | | | | | 張念華 | 劉樹金 | 劉樹金 | 汪惕吾 | | |
| 1996 | | | | | | 王武漢 | 熊湘台 | 沈一鳴 | 李俊斌 | 沈耀文<br>劉樹金 | 盧智賢 | |
| 1997 | | | | | | 葛光越 | | 柯 濠 | | 潘衍昌 | 劉時宏 | |
| 1998 | | | | | | | 林清添 | | 柯 濠 | 陳俊良 | 田立杰 | |

註：× 第 1 後勤指揮部品管處試飛科空勤機械維護官。
資料來源：中華民國空軍各單位隊史館。

「阿里山 1~5 號」換裝 F-104A/B 型機，使用的 J-79GE-3B 發動機，最大推力 14,800 磅（含後燃器）；「阿里山 6 號」換裝 F-104A/B 戰機，使用 J-79GE-19 發動機，最大推力 17,500 磅，最大速率 1,260 浬 / 時，於 40,000 呎高度時最大速度 2,465 公里 / 時，實用升限 60,000 呎；「阿里山 7 號」F104D 型機使用 J-79GE-7A 發動機；「阿里山 8~11 號」為換裝 F/TF-104G/J/DJ 型機，使用的 J-79GE-11A 發動機，最大推力 15,800 磅（含後燃器），[22] 最大速率 1,260 浬 / 時，於 40,000 呎高度時最大速度 2,330 公里 / 時，實用升限 54,000 呎，作戰半徑達 370~1,100 公里。

RF-104G 型偵察機，是將 F-104G 型機機砲拆除，改裝空用照相機莢艙及延程油箱取代之，機身重量輕 700 磅，

22. Theo N. M. M. Stoelinga, F-104 Propulsion System, Zipper Magazine, #42, June-2000. http://www.916-starfighter.de/F-104_Engine%20system%20J-79_Stoelinga.pdf

油量多 685 磅，改裝時間約需 30 人工小時，改回則需 60 人工小時。[23]

## 阿里山 1 號

1960（民 49）年 5 月 13 日，美國基於中共發動「臺海戰役」企圖解放臺灣之作戰目標未歇，並積極經營大陸東南沿海地區之軍備，危及東南亞國家及美國在亞太地區之國家戰略利益，為遏阻共產勢力擴張穩定亞太局勢，在美國國會的壓力下，3 月 25 日宣布：將移交一批 F-104A 型機給中華民國，中華民國空軍基於臺澎防衛作戰需求，選定美軍協助興建的清泉崗（公館）基地換裝，空軍第 8 中隊成為第一個換裝中隊，裝備有 F-104A 型單座 22 架（機號 4201~4222）及 F-104B 型雙座 4 架戰機（機號 4101~4104），裝用 GE-1042-7 發動機。

美軍在清泉崗基地駐有顧問小組（官 9、兵 11），成員包括：小組長賴坦尼（David E. Latane）中校、工程官費樂（Frank D. Furlow）少校、補給官考漢（William T. Cohen）少校、修護官康德（Willam T. Conder）少校、作

23.《RF101A 及 RF104G 應用戰術》（臺北：空軍總司令部，1969（民 58）年 7 月），頁 17，

戰官艾美格（Richard G. ImMIG）上尉、通信官杜幅（Fugh A. Walker）上尉、人事官瓦肯（Stanley T. Walker）上尉協助；6 月 2 日，再派駐地面學科（MTD）教官 3 員，協助 OJT 換裝訓練，為期 90 天，並架設多向導航 TVOR，於 8 日 15 時起提供飛行訓練。[24]（美軍顧問團公館基地顧問小組成員如表 2）

表 2・美軍顧問團公館基地顧問小組成員

<table>
<tr><th>美軍顧問團</th><th>1960 年 6 月</th><th>1961 年 6 月</th><th>1962 年 6 月</th><th>1963 年 6 月</th></tr>
<tr><td>少將團長</td><td colspan="2">杜安（Fred M. Dcan）</td><td>桑鵬（Kenneth O. Sanborn）1963/8</td><td>平克士敦（Gladwyn E. Pinkston）准將</td></tr>
<tr><td>中校組長</td><td>賴坦尼（David E. Latane）1961/5</td><td colspan="2">毛瑞遜（Bruce L. Morrison）1963/5</td><td>戴維斯（Charley L. Davis）</td></tr>
<tr><td>少校工程官</td><td colspan="4">費樂（Frank D. Furlow）1961/9</td></tr>
<tr><td>少校補給官</td><td>考漢（William T. Cohen）</td><td colspan="2">謝樂福（Eldon S. Schramher）1963/5</td><td>哈烈（Dwight L. Harley）</td></tr>
<tr><td>少校修護官</td><td colspan="2">康德（Willam T. Conder）/1961/11</td><td colspan="2">衣維恩（Buford M. Eaves）</td></tr>
<tr><td>少校作戰官</td><td>艾美格（Richard G. ImMIG）上尉 1960/10</td><td colspan="2">馬丁（David E. Martin）1962/9</td><td>奈爾遜（Swart H. Nelson）</td></tr>
</table>

24.《空軍年鑑》，中華民國 49 年度（1959（民 48）年 7 月 1 日至 1960（民 49）年 6 月 30 日）（臺北：空軍總司令部），頁 347-348、433、434；《空軍沿革史初稿》第 8 輯第 2 冊（臺北：空軍情報署，1970（民 59）年 1 月），頁 281。

| 少校通信官 | 杜幅（Fugh A. Walker）1961/5 | 富思樂（John S. Foster）1953/2 | | 史偉恩(Douglas Sworn) |
|---|---|---|---|---|
| 上尉人事官 | 瓦肯（Stanley T. Walker） | 韋克(Stanley F. Walker) | 羅伯斯（Cecil H.Roberts）1962/6 | 海斯（Robert K. Hayes） |

註：1965（民 54）~1966（民 55）年中校組長蘇爾斯（Sowers）。[25]
資料來源：《空軍沿革史》，51~54 年度，臺北：空軍總司令部情報署。

由於換裝決定突然，空軍未做好準備，倉促成軍下，空軍各單位層級都處於「摸著石頭過河」學習狀態（如 MTD 組成與課程訓練流程安排均未臻完善，甚至連中文技令也沒有），也因此換裝過程狀況層出不窮。

首批換裝飛行員由空軍總部的戰力評估小組負責篩選，選拔標準:空軍官校 22 期至 39 期、飛行總時間滿 800 小時（其中噴射機總時間不得低於 500 小時）的飛行菁英，選中成員包括：晏仲華、殷恆源、鄭茂鴻中校；祖凌雲、伍廷槐、趙善滔、路效真、蕭亞民、王繼堯、李子豪少校;王璪、于鴻勳、林鶴聲、顧正華、梁金中、楊敬宗、朱偉明、關永華、王乾宗、盛士禮、莊人亮、黃榮北上尉，合計 22 員。

1960（民 49）年 5 月 15 日，「阿里山計畫」正式啟動，F-104B 型機 2 架（序號 57-1294、57-1300）由美軍 C-124 運輸機載運，途經日本琉球嘉手納空軍基地，而後運抵空軍清

25. 王立楨，《回首來時路:陳燊齡將軍一生戎馬回顧》（臺北:上優文化，2009（民 98）年 8 月），頁 312~313。

泉崗基地，並在管制的基地西區棚廠內進行組裝，除第 8 中隊的空地勤人員外，不相關人員一律不准進入；[26]17 日，首架 F-104B 型 4101 號機在美方的指導下完成裝配；26 日，中美兩軍代表在清泉崗基地舉行正式交機儀式。

圖 7‧1960 年 5 月 26 日 F-104 星式戰鬥機運抵臺

與會代表包括：參謀總長彭孟緝上將、空軍總司令陳嘉尚上將、美國政府軍援代表駐臺顧問團（MAAG）第 4 任團長陸軍少將杜安（Major General Leander La Chance Doan）等，交由第 3 大隊第 8 中隊接收，[27] 當日首飛儀式由美軍飛行員布雷上尉（B. Bray）陪伴王繼堯上尉執行 ( 如

26. 田定忠，《藍天神鷹－飛將軍七度空中歷險記》（臺北：時英，2011（民 100）年 11 月），頁 159。

27.《空軍年鑑》，中華民國 49 年度（1959（民 48）年 7 月 1 日至 1960（民 49）年 6 月 30 日）（臺北：空軍總司令部），頁 431-432。

圖 7、8)。[28]

圖 8・美軍駐臺顧問團陸軍少將杜安團長於清泉崗空軍基地以 F- 104 戰鬥機模型致贈徐煥昇總司令象徵移交

1960（民 49）年 5 月 25 日至 6 月 30 日，空軍第 8 中隊首批飛行人員 15 員、維護人員 58 員，正式開始實施地面學科訓練；6 月 2 日，美籍教官 3 員抵清泉崗基地協力換裝，[29]11 日飛行員更遠赴琉球接受高空生理訓練，[30]空軍總部特許祖淩雲少校等 2 位各飛 1 架 F-86 型機前往；[31]6 月 24 日，領隊晏仲華中校於清泉崗基地首次進行試飛 ( 如圖 9)。[32]

---

28.〈中央社老照片〉，《國家文化資料庫》。

29.《中華民國 49 年度空軍年鑑》，臺北：空軍總司令部，頁 433。

30. 空軍飛行員高空生理訓練在美軍琉球沖繩基地實施，記錄中受訓者：1958（民 47）年 3 月 9~16 日郭汝霖，4 月 20~27 日（第 14 批）雷定國，5 月 31 日 ~6 月 7 日周振雲。

31. 祖淩雲，〈我的早年空軍生涯〉。http://boxun.com/hero/2006/xsl1/91_1.shtml

32.《空軍年鑑》，中華民國 49 年度（1959（民 48）年 7 月 1 日至 1960（民 49）年 6 月 30 日）（臺北：空軍總司令部），頁 181、184、434。

圖 9・阿里山 1 號 F-104A 型機

接收 F-104A 型機為陽春機，換裝初期，缺先期計畫，完全依賴太平洋戰區支應，在 F-104 型機器材補給系統未建立、修護人員訓練不足下，致使飛機妥善率不高，不能滿足部隊訓練所需，衍生出拆拼維修勉以維持，整個服役期間，第 8 中隊飛行員常處於無妥善機可飛的狀態。

1961（民 50）年 5 月 5 日，我國第一架 F-104 型機訓練時發生重大失事，空軍第 8 中隊的中隊長晏仲華中校及隊員于鴻勛上尉，駕 F-104B 型 4102 號機於目視衝場航線轉入三邊後，因落地左右襟翼失常，飛機快速滾轉而來不及救，瞬間撞地，兩飛行員當場殉職，重傷換裝士氣。為補足第 8 中隊戰力，空軍另選張甲及黃東榮上尉遞補遺缺，加入換裝行列。[33]

1961（民 50）年 10 月，第 8 中隊全數飛行員完成換裝訓練，空軍總司令部為犒賞部隊換裝訓練的辛勞，特別在圓山飯店舉行 3 天 2 夜的休憩活動（基隆河邊烤肉）；[34]11 月 1 日起，F-104A 型機正式擔負戰備，開始執行臺海防空任務 ( 如圖 10、11)。

1962（民 51）年起，第 8 中隊的 F-104A/B 型機正式參與空軍部隊的演訓活動（如：與各 F-86F 型機部隊進行不同機種編隊戰鬥演練等），同時按督察體制，接受年度的飛行操作標準化及部隊戰術考核等（如：緊急起飛及夜間飛行能力等項目），以驗測 F-104A/B 型機部隊的實戰能力。[35]但對全軍第一流的飛行員如何進行考核與鑑定工作？誰有能力與資格考核或鑑定這批飛官？如何進行考核？空軍總司令部督察室為難，難以行評核機制，經研究決定派遣考核組組長，以同乘方式進行鑑測，解決爭議。

---

33. 黃東榮口述，臺北：自宅，2014（民 103）年 1 月 4 日。
34. 黃東榮口述，臺北：自宅，2014（民 103）年 1 月 4 日。
35.《空軍沿革史》2 冊，51 年度（1961（民 50）年 7 月 1 日至 1962（民 51）年 6 月 30 日）（臺北：空軍總司令部情報署，1970（民 59）年 1 月），頁 573、690。

圖 10．第 8 中隊 F-104A 型機正式擔負戰備

圖 11．清泉崗基地之 F-104A 型機

然而空軍總司令部雖在確保飛行安全及執行能力鑑定工作上，花費了相當大心力，但受制於後勤支援能量限制，每天僅有 1 至 2 架可飛，致使飛行員技術生疏，[36] 終未能遏止 F-104 機的重大失事，為期十年的失事高峰，對 F-104 機部隊來說，是項重大的創痛。

36. 唐飛口述，林口：中華戰史文獻學會，2019（民 108）年 3 月 20 日。

1962（民51）年3月3日，李叔元上校與顧正華上尉駕F-104B型4104號機進行飛行訓練，此時中共飛行員劉承司駕MIG-15型機投誠，海峽空域與地面機場都予淨空，並實施管制，直到MIG-15型機在桃園基地落地時止。此際，滯留空中的F-104B型機因燃油耗盡，於進場落地階段發生發動機熄火，李叔元上校與顧正華上尉雖立即彈射跳傘，然而因高度不足，雙雙殉難。

1962（民51）年7月12日，王繼堯少校駕飛F-104A型4203號機受令緊急起飛作戰，因時間緊迫，腿帶未來得及扣上即行起飛，剛離地時發動機就發生故障，噴出大量的濃煙，雖立即實施彈射跳傘，但因鞋後的馬刺未與彈射座椅相連結，[37]彈射時雙腿未能及時被拉回至定位，遭儀表板截肢殉職。

1962（民51）年10月，鑑於F-104B型雙座機已損失3架，部隊訓練幾近中斷，美軍又撥交1架4105號機給我國，[38]方解決部隊訓練問題。

1963（民52）年2月14日，中美舉行聯合防空作戰演習，美軍擔任目標機，F-104A型機6架首次參與其中。[39]

---

37. 唐飛口述，林口：中華戰史文獻學會，2019（民108）年3月20日。
38. 傅鏡平，《F-104星式戰鬥機—中國空軍服役歷史》（臺北：中國之翼，2000（民89）年3月1日），頁9。
39. 空軍總司令部情報署，《空軍戡亂戰史》第16冊，臺北：1977（民66）年，頁46。

1963（民52）年4月11日，8中隊成軍已達1年半的時間，作戰能力達到預期成效，F-104A型機立即協調合作，與美軍沖繩島嘉手納空軍基地起飛的RB-66型電戰機進行更高層次的反電子作戰演練。[40]

在中華民國接收非全新的F-104A/B型機之後，受到零附件及後勤維修的限制，考慮汰換新機種，同時美國盟友西德選擇換裝F-104G型全天候戰機來防制蘇聯，致使美國擴大生產，並依照「海外軍事援助計畫」軍援55架給中華民國。

空軍總司令部決定空軍繼8中隊後，接續以第7、12、28中隊分別進行換裝，代號「阿里山2、3、4」號，前20架由洛克希德原廠製造，其餘由加拿大飛機公司（Canadair）生產，各中隊的代表顏色依次為紅、黃、藍，分別於1963（民52）年11月24日（單座機）及12月8日（雙座機）接收。

中華民國空軍F-104A/B型機一直使用至1966（民55）年7月31日止，並按計畫進行繭封工作，8月25日運交美國，轉交約旦及巴基斯坦。

---

40.《空軍沿革史》第3冊，53年度（1963（民52年7月1日至1964（民53）年6月30日）（臺北：空軍總司令部情報署），頁903-905。

## 阿里山 2 號

F-104G 型機是針對西德作戰需求下的產物，最獨特的是具備「軍電四系統」，包括 MH-94 自動飛行操作系統（APC）自動俯仰操控系統、三軸穩定系統（3-Axis Damper）及自動駕駛儀（Auto Pilot）、F-15A-41B 多功能火控雷達系統、LN-3 慣性導航儀[41] 及通信導航裝備、敵我識別器 AN/APX-46（Identification friend or for, IFF; Selective Idenfication Feature, SIF）、紅外線瞄準具、轟炸計算機、大氣數據計算機、AN/ARN-52 戰術太康導航系統、數據傳遞系統、AN/ARC-552 超高頻無線電（UHF 可預選 27 個波道及 1 個緊急波道（Guard Channel）等，具備超低空高速飛行能力、精確導航和武器投射能力以及全天候作戰能力。

1962（民 51）年第 7 中隊準備換裝 F-104G 型全天候戰鬥機，在全軍選員下，新任隊長鄭茂鴻中校、分隊長階層有劉憲武、唐飛、孫平、[42] 毛節盛少校等。此際，國際爆發古巴飛彈危機（Cuban Missile Crisis），美軍原準備援華的 F-104G 型機轉運土耳其，以替代撤除的中程彈道飛彈，

41. LN-3 慣性導航有 3 軸陀螺儀、2 軸加速儀，可校正真北，鏈結 SSU-12 可航行千里。

42. 孫平原為 11 大隊 48 中隊 F-86D 戰鬥機飛行員，具備全天候防空作戰能力，熟習 135、90° 前側、側方火箭攻擊雷達攔截譜法。

延緩了阿里山2號的換裝期程，第7中隊便乘此一年的換裝空檔，重新進行地面學科，使用第8中隊的F-104B型機進行機種轉換訓練，並利用T-33型機加強儀器及夜間飛行能力的培養。[43]1963（民52）年11月1日，空軍第7中隊解除戰備，1964（民53）年4月2日正式換裝F-104G型機；為了趕飛，完成10架次的夜航訓練，每天終昏乙批，夜航乙批，飛行員承受極大飛訓壓力；10月15日完成戰備訓練；11月1日零時起，擔負起臺海全天候的防空警戒任務。[44]

為建立F-104型機接收試飛能量，1962（民51）年7月25日至1963（民52）年7月31日派遣第8中隊分隊長伍廷槐少校赴美受F-104型機維護試飛官班訓，8月1日任第3修補大隊品管科試飛官。

1962（民51）年10月16日，空勤人員路效真和王璪上尉[45]及地勤人員金雲龍（火控）、文志超（慣性導航）、黃孝慈（軍械）等，被選派至美國喬治（George）空軍基地接受語言訓練，然後接受美軍的F-104G型機換裝訓練，

---

43. 唐飛口述，臺北：空軍官兵活動中心，2013（民102）年3月16日。
44. 空軍總司令部情報署，《空軍戡亂戰史》第17冊，臺北：1977（民66）年，頁59。《空軍沿革史》第3冊，52年度（1962（民51）年7月1日至1963（民52）年6月30日）（臺北：空軍總司令部情報署），頁677。記錄12月1日擔負戰備。
45. 夏瀛洲口述，臺北：三軍軍官俱樂部，2016（民105）年3月19日。

準備回國擔任種子教官。1963（民 52）年 1 月 30 日至 7 月 2 日，賡續派遣毛節盛、丁定中少校；1963（民 52）年 9 月 4 日至 1964（民 53）年 4 月 14 日派遣孫祥輝上尉至美 F-104G 型機飛行員班參與訓練。

1963（民 52）年 7 月 16 日，並接收全新的 F-104G 型單座機（機號 4301~03、07、09、15~23、38、39、41~43、50、51、54、56、57、59）25 架及 TF-104G 型雙座機（機號 4141~45、4148）6 架，教官由赴美受訓返國的人員擔任，部分由美軍顧問帶飛。[46]

與此同時，第 3 修補大隊成立軍電中隊，籌建標準化密閉式電子修護廠房、週檢及雷達校驗站（配備有空調車、電源車等），進行超階段（5 級）修護工作。[47]

配合部隊戰術及技術精進需要，1963（民 52）年 11 月 16 日，空軍第 3 大隊成立標準考核科，執行標準化考核業務。[48]

有了前次（8 中隊）換裝的經驗，及多了一年時間的整備，換裝成效大不相同。1963（民 52）年度，空軍第 3

46. 李作復口述，〈見證 F-104 戰機換裝與訓練〉，頁 10~13。

47. 梁新明口述，臺中：自宅，2014（民 103）年 1 月 27 日。

48.《空軍沿革史》，53 年至 56 年度（53 年 7 月 1 日至 56 年 6 月 30 日）（臺北：空軍總司令部情報署），頁 1。

戰術戰鬥機聯隊參與空軍「鵬舉5號」演習鑑測，經評定，聯隊戰力達C1等級（空勤人員88.7%、地勤人員95%、一般裝備94%、飛機72%），獲得全軍第3名，[49] 接續兩年內無重大飛行失事事件。

## 阿里山3號

1963（民52）年8月12日，空軍第5聯隊第6偵察大隊轄下的第12中隊進駐清泉崗基地換裝。

1964（民53）年1月11日，接收2架TF-104G雙座機（機號4146、4147），2月11日接收8架RF-104G單座偵察機（機號5626、28、30、32、34、36、38、40）（配備KS-67A相機），17日宋俊華中校領軍赴台中清泉崗基地換裝，由8中隊代訓，26日在清泉崗基地舉行RF-104G交機典禮，由空軍總司令徐煥昇上將及美軍顧問團空軍組組長平克斯頓准將共同主持，[50]11月1日完成換裝訓練飛返桃園基地，擔負戰備。

49.《空軍沿革史》第3冊，53年度（1963（民52）年7月1日至1964（民53）年6月30日）（臺北：空軍總司令部情報署），頁882。

50. 李作復口述，〈見證F-104戰機換裝與訓練〉，頁10~13。

圖 12・ 第 12 隊阿里山 8 號 RF-104G 型偵照機

1983（民 72）年，第 12 隊使用的阿里山 3 號 RF-104G 偵察機僅剩 5628、5632 號 2 架，為滿足第 12 隊的偵察任務所需，1982（民 71）年空軍決定重新裝備阿里山 8 號的 F/TF -104G 型機（如圖 12）。

## 阿里山 4 號

1964（民 53）年 9 月 9 日，空軍第 28 中隊開始換裝，[51] 換訓人員由於「全軍選員」的政策遭到各部隊抵制，改為 3 大隊編制內中選員，[52] 由中隊長溫森堯中校領軍，[53] 接收 F-104G 單座 23 架（機號 4304、06、08、11、24~37、40、

51. 空軍總司令部情報署，《空軍戡亂戰史》第 17 冊，臺北：1977（民 66）年，頁 59。
52. 唐飛口述，林口：中華戰史文獻學會，2019（民 108）年 3 月 20 日。
53. 溫森堯步調緩，不屬積極型。

48、49、60、61）及 TF-104G 雙座戰機 1 架（機號 4149）；換裝人員區分 4 組，路效真及張光風中校為種子教官，李作復少校為第 1 組，屬教官組，分隊長謝崇科少校、周振雲、范鴻棣上尉等總計 24 員，由美軍負責地面學科，當時進駐在基地美軍顧問組的組長為羅福勒（Robert M. Loeffler）中校為督導官，單飛前的蓋目測驗，由羅員親自用英文實施測考，凡未達 100 分者均淘汰。[54] 然換裝人員素質、前置作業不足及隊長的領導風格等，換裝成效顯較阿里山 2 號差。

1964（民 53）年 8 月，陳燊齡上校時任第 3 大隊副大隊長，將升任大隊長一職，得以先中隊人員換裝（此為特例）。

1965（民 54）年，美軍為支援越戰進駐清泉崗基地，駐軍人數超過 2,000 人（最多達 6~7 千人），為協調兩軍及借取 F-86D 型機全天候作戰經驗的需要，3 大隊增設一位副大隊長職，張汝誠及張少達上校因此納入換裝行列。[55]

1965（民 64）年 3 月 25 日，28 隊完成換裝訓練，[56] 接續擔負戰備，第 3 大隊真正成為全數使用 F-104 型機之部隊。

---

54. 李作復口述，〈見證 F-104 戰機換裝與訓練〉，頁 10~13。
55. 王立楨，《回首來時路：陳燊齡將軍一生戎馬回顧》（臺北：上優文化，2009（民 98）年 8 月），頁 301。
56. 傅鏡平，《F-104 星式戰鬥機—中國空軍服役歷史》（臺北：中國之翼，2000（民（89）年 3 月 1 日），頁 11。

## 阿里山 5 號

1965（民 54）年 5 月 11 日至 11 月 30 日，空軍第 8 中隊汰換使用五年的老舊 F-104A/B 型機 18 架，美國轉援，交予約旦空軍，換裝成 F-104G 型機單座 13 架（機號 4305、10、12~14、44~47、52、53、55、58）部隊，於 12 月 30 日起擔負戰備，自此 3 大隊全部使用 F-104G 型全天候戰機，為統合各中隊所配賦的飛機機號，原則上以尾號最後一碼區分：第 7 中隊為機號 4301、04、07…號，第 8 中隊為機號 4302、05、08…號，第 28 中隊為機號 4303、06、09…號。[57](如圖 13、14)

圖 13・ 阿里山 5 號 F-104G 型全天候戰鬥機

57. 史濟民口述，臺中：自宅，2013（民 102）年 6 月 21 日。

圖 14・ 阿里山 5 號 F-104G 型機

## 阿里山 6 號

1970（民 59）年 6 月，我國向美國爭取軍購 F-4 戰機未果，但得到美國提供兩個中隊的 F-100A 與一個中隊的 F-104A/B 型機。

這批 F-104A/B 戰機原屬美軍第 331 及第 319 戰鬥攔截機中隊，駐防於佛羅里達州的 Homestead 空軍基地，用以防範來自古巴的威脅。當戰機無外掛、機內燃油 3,000 磅時，推重比接近 1：1，使用軍用推力即可進行超音速飛行，使用後燃器加速至 2.0 馬赫，僅需時 60 秒，性能相當卓越，為當時全世界飛的最快的飛機。

1970（民 59）年 12 月 1 日，選定空軍新竹基地第 11 大隊第 41 中隊換裝，由中隊長孫平中校領軍，率劉君揚、傅慰孤、李協合、高巍和、蕭金澤、黃植炫、周錫湘、曹治宇、謝在民、顏勝義等飛行員 17 名，及技勤人員 500 名進駐清泉崗基地接受換裝訓練，飛機由第 3 修補大隊試飛官譚宗虎少校負責組裝試飛，[58] 周振雲中校擔任教官，計接收 F-104A 型單座機 22 架（機號 4241~4262）及 F-104B 型雙座機 3 架（機號 4121、4122、4123）。首先進訓者為傅立武、夏繼藻、孫武泰中校等 4 員種子教官，[59] 後續有許銘昌中校，鍾佩珍、石貝波少校，彭魯蘇、李少弘上尉等依序加入。

1974（民 63）年 8 月，空軍第 3 聯隊第 3 大隊已折損 30 架 F-104G 型機，空軍準備向德國購買戰機，計畫派遣周文沖、譚宗虎、林立功少校等員赴德試飛，然事件曝光，未能成行。[60]

11 月 16 日，空軍第 8 中隊 F-104G 型機奉命併入第 7、28 中隊，中隊長胡世霖中校暫調督察室副主任，副隊長孫國安中校及分隊長譚宗虎少校、林立功少校留任第 8 中隊

58. 該年譚宗虎試飛量達 100 架次。

59. 孫平口述，林口：自宅，2013（民 102）年 3 月 23 日。

60. 譚宗虎口述，臺中：自宅，2013（民 102）年 6 月 27 日。

原職，其餘人員調第 7 中隊；[61] 原空軍新竹基地第 41 中隊所屬人機，在隊長孫武泰中校領軍下，全數調任空軍第 8 中隊，歸隸清泉崗基地第 3 聯隊第 3 大隊指揮。

1975（民 64）年 7 月 7 日，總部派遣督察室考核組組長伍廷槐上校赴意大利試飛 F-104S 型機，並汲取其延壽計畫經驗。[62]

F-104A/B 型機在美國封存所造成的線路老化問題，影響到雷達、太康導航、UHF 無線電、SIF 敵我識別器等裝備功能，執行任務時造成困擾，連帶的產生多起失事事件。1980（民 69）年決定執行「高線計畫」，[63] 由第 8 中隊副隊長傅忠毅中校配合技勤專業人員，對所有 A 型機逐架進行檢試，在為期 2 個多月之空地協同的努力下完成，雖因部分缺件，無法恢復戰機原有性能，但對爾後之作戰任務遂行，助益甚大。[64]

1988（民 77）年鑑於 F-104A/B 型機已經老舊，2 月 8 日又發生 4243 號機發動機壓縮器失速墜毀事件，造成飛行員官鎮福上尉的殉職，空軍當下決定：3 月 3 日正式汰除，

61. 裴浙昆口述，臺中太平：自宅，2013（民 102）年 3 月 30 日。
62.《中華民國 65 年度空軍年鑑》，臺北：空軍總司令部，頁 225。唐飛口述，林口：中華戰史文獻學會，2019（民 108）年 3 月 20 日。
63. 馮象華口述，臺中：自宅，2013（民 102）年 6 月 28 日。
64. 傅忠毅口述，臺中潭子：自宅，2013（民 102）年 6 月 27 日。

除保留單雙座各 1 架供軍史館陳展外，餘 7 架分段拆解，供第 3 聯隊布置誘餌機使用。[65]

## 阿里山 7 號

由於 TF-104G 型雙座教練機全數只剩 3 架（第 3 大隊的 4147、4149 號機及第 12 隊的 4146 號機），無法支應戰訓的基本需求，於是空軍決定購置美軍除役的 F-104D 型雙座戰機作為補充，於是經由駐美副武官唐飛中校親自赴亞利桑那州戴維斯蒙森基地（Arizona Davis–Monthan Air Force Base），挑選其中封存較佳的 7 架，於 1975（民 64）年 11 月至 1976（民 65）年底間，分批運回臺灣進行組裝，除了保留其中 1 架做為拆零使用外，餘 6 架（機號 4161~4166，4165、4166 雷達缺件）於 11 月 12 日交送空軍第 3 大隊 8 中隊使用。

由於雙座機不足，此時新進人員積壓有兩期（59、60 期）之多，為儘速完成換裝，時任訓練組教官之第 7 中隊史濟民及第 28 中隊王止戈中校更是辛苦，幾乎每天從始曉到夜晚都在待命，只要雙座機修護妥善，絕不浪費任何時間，立刻

65.《空軍沿革史》，77 年度（1987（民 76）年 7 月 1 日至 1988（民 77）年 6 月 30 日）（臺北：空軍總司令部情報署），頁 797。

派飛，用於執行訓練，花了近兩年時間，總算完成新進人員訓練工作，分擔中隊成員的勞務，減輕工作負荷。[66]

F-104D 型機與 A 型機相似，無全天候功能，姿態儀傾斜指針是用地標，與 F-104G 型機的天標標示完全相反，容易造成飛行員的誤判。[67] 然受後勤零附件的影響，F-104 D 型機使用至 1988（民 77）年止，即遭到除役的命運。

## 阿里山 8 號

1979（民 68）年華美斷交，1980（民 69）年「華（中）美共同防禦條約」中止，空軍無法獲得新機，遂轉向世界各國收購汰除的戰機，以補充損耗。首先洽購的對象是即將換裝 F-16 型機的比利時，最終因價款的問題沒有談成；後來美國雷根政府同意將西德空軍於美國路克空軍基地（Luke AFB）尚在飛行訓練準備汰除的 66 架戰機（F-104G×27 架、TF-104G×39 架）售予中華民國，始解決停飛的命運，計畫中尚包括 26 具 J-79 發動機、17 具後燃器，用於拆零備份使用。

1982（民 71）年 4 月，空軍後勤司令部派遣「豹安」

66. 王止戈口述，桃園龍潭：自宅，2013（民 102）年 7 月 3 日。
67. 裴浙昆口述，臺中太平：自宅，2013（民 102）年 6 月 21 日。

（Panther China）小組（張根福中校等 2 員）赴美先期作業；1983（民 72）年 1 月，空軍選派種子教官 4 員赴美國路克空軍基地（Luke AFB），成員有 3 修補大隊梁新明少校（軍電四系統）、陳新鑫，3 大隊 7 中隊分隊長楊定輝少校（飛行），第 1 後勤指揮部薛品官少校（馬丁貝克彈射逃生系統），進行飛機及各項零附件的整理，除因維修能量限制，保留飛行模擬機裝備未運回外，[68] 所有飛機區分為 23 架及 43 架兩批運交，總計有 436 個 40 呎貨櫃，此型機與前期飛機最大差異為逃生系統，換裝成可靠性較高的馬丁貝克型彈射座椅。[69]

1983（民 72）年 1 月 14 日，首批 23 架戰機及 26 具發動機，當 400 個貨櫃運抵高雄港時，因作業人員性急，將「豹安」小組原貼於貨櫃上的分配清單全部撕下進行統計，造成後續清單與內容物品無法配對的分類作業上困擾。

2 月 22 日，先由後勤司令部及第 1 後勤指揮部完成初步分類，但接收單位反應接收內容不匹配，因此「豹安」小組成員在後勤司令部裝管科長葉建亮中校建議下，再度被徵召，花費近半年的期程進行重分配，[70] 再分運空軍各專業單位庫存備用，機身、機翼等交屏東第 1 後勤指揮

68. 德軍 F-104G 全功能模擬機，為真空管製，空軍因無維修能量而捨棄。

69. 梁新明口述，臺中：自宅，2014（民 103）年 1 月 15 日。

70. 梁新明口述，臺中：自宅，2014（民 103）年 1 月 27 日。

部、飛行操縱系液壓侍服器等飛機重要附件交2後勤指揮部、[71]J-79發動機及相關零附件交岡山第1後勤支援處、傘、艇交清水第3後勤支援處、LN-3慣性導航、F-15A火力控制雷達、自動飛行控制器（Fight Control System, FCS）、中央資料計算機（Central Air Data Computer, CADC）等系統交第3聯隊軍電中隊分別處理，最終由第1後勤指部負責統整，指部品管處負責飛機重要受力結構區域兼零件、非破壞性各項檢驗工作，附件廠負責各型儀表，電子軍械廠負責通信系統、M-61機砲等檢修工作，飛機修理廠第3生產課（課長張杰元中校）負責工廠階段擇要檢修（IRAN）；修護工作飛機全機整合、檢修完成後，由品管處試飛科專任試飛官陳仁義少校試飛，合格放行後，始飛交部隊使用。

第3生產課編制員額僅101員，為解決大量維修工作，特增聘雇臨時人員37員參與，為加速提升維修素質，要求各系統專業最資淺軍官任教，藉此策勵其研讀技令，授課時要求相關專業士官與聘雇人員及生產課修護軍官全員參加，若授課教官準備不足，立即中止課程，準備完備再重來，新進學員需寫筆記呈閱，鼓勵課堂發問，必要時由主官隨機抽問，最後由資深幹部（修護班長）補充講解；

71. 阿里山8號79具發動機進行4個TCTO修改，第1後勤支援處分別於1984（民73）年10月25日（66具）及1985（民74）年6月30日（備用13具）完成翻修，交運1指部。

實作部份則由資深軍士官以師徒制，進行一對一教學。[72]

阿里山 8 號換裝，對臺澎防衛戰力極具重要，時任參謀總長郝柏村上將特別重視，在空軍總司令郭汝霖上將、副總司令陳燊齡中將的陪同下，親自駐廠實施督導，第 1 後勤指揮部備感壓力，為趕進度，最高紀錄為一日試飛 7 架次，始得以提前完成飛機之飛交任務，大幅提升部隊戰力。[73]( 如圖 15)

圖 15‧ 第 3 大隊 F-104 型機編隊訓練

第 12 隊偵照機為為換裝阿里山 8 號的優先單位，1983（民 72）年 4 月，第 12 隊特別派遣作戰長張行達少校赴第 1 後勤指揮部參與選機作業，在飛修廠第 3 生產課股長葉明薰少校的協力下，以機體時數較少者為優先考量

72. 張杰元口述，鳳山：東大藝文中心，2016（民 105）年 2 月 28 日。

73. 陳仁義口述，臺中：自宅，2013（民 102）年 6 月 17 日。

，包括：雙座機 2 架（機號 4180、4182），單座機 8 架（機號 4365、4392、4398、4400 改裝為始安機，機號 4384（5663）、4386、4391、4399（5664）為裝置 KS-125 莢艙之偵照機）。由於移裝偵照系統技術資料文件極短缺，第 1 後勤指揮部自力修改部份飛機結構，配合裝置相機精密型架，配製液壓管路及相機鏡頭除霧及電路系統等。[74] 第 12 隊分別於 4 月 2 日接收雙座機 2 架，6 月 21 日接收 LOROP F-104G 型機 2 架，7 月 14 日再接收 4 架，9 月 15 日接收 RF-104G 型機 2 架 ( 如圖 16)。[75]

圖 16・ 第 12 隊阿里山 8 號 RF-104G 型機

6 月 19 日，第 3 大隊接收雙座機 10 架及單座機 5 架，納入各中隊運用。

74. 張杰元口述，高雄：自宅，2013（民 102）年 8 月 11 日。
75. 張復一口述，桃園：自宅，2013（民 102）年 7 月 30 日。

7月20日，空軍第499聯隊第11大隊第41中隊及修補大隊進駐清泉崗執行阿里山8號計畫換裝，飛行由副大隊長王漢寧上校領隊，並遴選竇柏林、劉屏瀟、許寧遠、喻志攻少校為第一批種子人員，完訓後擔任聯隊的換裝教官；3大隊派遣莫漢偉、裴浙昆中校，薛東興、沈遠台、陸永維、應嘉生少校擔任教官，組成換訓小組。1983（民72）年9月1日裴浙昆中校和薛東興少校調第11大隊第41中隊任隊長及作戰長，領導換裝訓練；[76] 接續第11大隊又從第41、42隊遴選岳修齊、田定忠、游永松、王鎮一、孫永惠少校，張明仁、鄒承光上尉等7員[77] 赴清泉崗基地，使用空置之原第28中隊作戰室，進行擴訓。[78] 修護人員由韓文玉上校領隊，組員有修管科科長黃康群等，由第3修大大隊長石建育、修護長劉振民上校、修管科長林永郎、場中隊長盧堯焜、軍電隊長張宏寧等協力下，幫助2聯隊建立起停機線及場站（O/I Lever）及軍電四系統維修體系。[79]

1984（民73）年1月1日，第42中隊開始換裝，成

76. 裴浙昆口述，臺中：自宅，2013（民102）年3月25日。
77. 田定忠，《藍天神鷹－飛將軍七度空中歷險記》（臺北：時英，2011（民100）年11月），頁240~241。
78. 喻志攻口述，龍潭：自宅，2013（民102）年6月18日。
79. 吳家麒口述，臺中太平：自宅，2013（民102）年8月11日。

員有鍾申寧中校，楊春霖、宋台生少校等，[80] 使用清泉崗基地原美軍招待所進行換裝訓練。[81]

第 11 大隊 48 中隊原未列入阿里山 8 號換訓之列，後因超齡服役（27 年）之 F-100A/F 型機，出現極高的失事率，空軍總司令部基於飛安的考量，斷然決定提前除役，1985（民 74）年 4 月，48 中隊得進駐清泉崗基地進行換裝，成員包括陳燮祥中校、江泰廣、潘斗台少校等。[82]( 如圖 17)

圖 17．第 11 大隊 F-104G 型機

新竹空軍基地利用為期 3 年的戰力空窗，積極進行跑道及相關設施之整修工程，以符合戰機運作，1986（民

80. 田定忠，《藍天神鷹－飛將軍七度空中歷險記》（臺北：時英，2011（民 100）年 11 月），頁 154。
81. 喻志攻口述，龍潭：自宅，2013（民 102）年 6 月 18 日。
82. 田定忠，《藍天神鷹－飛將軍七度空中歷險記》（臺北：時英，2011（民 100）年 11 月），頁 153。

75）年，第499聯隊順利完成換裝訓練工作，飛返回新竹基地，開始擔負全天候的防空戰備任務，僅留下「軍電四系統」場站階段維修人員繼續留駐，直至1989（民78）年方移至新竹基地。為確保「軍電四系統」妥善及技術傳承，第3修大軍電中隊除了遴選具備豐富經驗之軍士官10人（場中張重富、軍電陳芳林）移編至新竹基地外，還定期由主官管及修護士官長至新竹基地校驗「軍電四系統」之測試機台。[83]

## 阿里山9號

為了維持日趨老舊的機群，及補充因損失而減少的數量，1986（民75）年洽商購買日本航空自衛隊除役的37架F-104J/DJ型機（F-104J×31架、F-104DJ×6架），原擬派遣第427聯隊督察室主任陳明生上校、第1後勤指揮部總工程師熊端倪、第3修補大隊修護主任梁新明少校等3人赴日驗機，但因政治因素無法獲得日方簽證，於是改由美空軍代為執行，美軍即將該批飛機轉運至美國，並封存在亞利桑那沙漠儲存場，然後用海外軍售的名義交付

83. 梁新明口述，臺中：自宅，2014（民103）年1月16日。

臺灣。[84] 空軍原計畫組裝其中的 20 架 F-104J 型機（機號 4501~4520）及 5 架 F-104DJ 型機（機號 4591~4595），其餘 12 架充做拆零機使用；1985（民 74）年 7 月 6 日，第 1 後勤指揮部進行啟封作業，[85] 1986（民 75）年 9 月 12 日，接收檢整，[86] 調彭魯蘇少校任第 1 後勤指揮部專業試飛官，執行試飛及飛交任務，爾後調換羅際勳少校接替試飛任務，然 1987 年（民 76）5 月 14 日羅際勳少校駕 4520 號機於飛交清泉崗基地途中，發生失事墜毀事件，因此決定再多組裝 4521、4522 號機予以彌補，後由王長河少校接續於 9 月 24 日完成阿里山 9 號的飛機試飛及飛交任務。[87]

第 3 大隊原決定阿里山 9 號飛機由第 8 中隊進行換裝，但 F-104A/B 型機當時仍具戰力，因此擱置計畫，改由第 7 中隊進行換裝。1987（民 76）年 7 月 6 日，在隊長李少弘中校的領軍下，全數換裝成 F-104J/DJ 型機部隊。

1988（民 77）年 3 月，空軍決定第 8 中隊的 F-104A/B 型機全數汰除，第 3 大隊 3 個飛行中隊的機型進行重新

---

84. 梁新明口述，臺中：自宅，2014（民 103）年 1 月 15 日。

85.《第 1 後勤指揮部 75 年度沿革史》（1985（民 74）年 7 月 1 日至 1986（民 75）年 6 月 30 日），

86. 1987（民 76）年 9 月 19 日，第 1 後勤支援處完成阿里山 9 號 26 具發動機翻修，交運 1 指部，後又增加翻修 1 具。

87.《空軍沿革史》，77 年度（76 年 7 月 1 日至 77 年 6 月 30 日）（臺北：空軍總司令部情報署），頁 793。

分配，阿里山 9 號的 F-104J/DJ 機，打散平均分配至 3 個飛行中隊使用。[88]

F-104J/DJ 型機為美國洛廠授權日本三菱重工與川崎飛機公司合作生產，規格特殊，主輪較窄，主輪艙門外觀平整，重量較輕，飛行性能略勝 G 型機，工藝較美軍細緻，線束均用紅色毛筆簽點標示，發動機機艙內非常潔淨；在航電系統方面：UHF 無線電和太康戰術導航儀（TACAN）等電子裝備，因由東芝電氣公司生產，較其他型機明顯的清晰與精確，慣性導航系統更改用較簡單之方位姿態參考系統（Azimuth and Attitude Reference System, AARS）系統，自動駕駛換成較簡易之方向與高度保持系統。此外火控雷達系統改採 B-Scan 上下垂直式之左右掃描，目標於 5~10 浬處顯示更為清晰，在空對空作戰任務中，增進中、近距離鎖住敵機的能力，先敵發射 AIM-9 響尾蛇飛彈，在空對面作戰任務中（夜間照明及低空作戰），增進判別目標物的能力。[89]

由於 F-104J/DJ 型機屬空優規格，在無中文技令的情況，經由第 3 修補大隊軍電中隊修護人員群體的努力，將

88.〈從解嚴到停飛—清泉崗基地的 F-104（1987~1993）〉。https://cckfox.blogspot.com/2013/09/f-10419871993.html

89. 梁新明口述，臺中：自宅，2014（民 103）年 1 月 16 日。

光學瞄準器，由固定光網，改變為可調整的手動光網，使得阿里山 9 號機可執行對地攻擊任務，增強作戰能力。[90]

F-104J/DJ 型機雖然機齡較輕，其中 3 架飛行終點尚未達 100 小時，但受制於零附件補充，加上日文技令不全，後勤保修困難。1990（民 79）年 12 月 5 日，4511 號機發生空中解體事件，肇致楊士菁上尉殉職，於是空軍斷然決定：阿里山 9 號機於 1991（民 80）年 3 月 1 日提前除役，在臺灣僅使用 5 年。

## 阿里山 10 號

空軍經過阿里山 8 號、9 號計畫後仍無法滿足空軍防空作戰需求，在美軍國臺組的協助下，再次派遣第 427 聯隊督察室主任陳明生上校、第 1 後勤指揮部總工程師熊端倪、第 3 修補大隊修護主任梁新明少校等人赴華府，準備前往德國、比利時、丹麥、荷蘭等國購機。3 大隊大隊長丁滇濱上校更前往義大利試飛 F-104S 型機，但終因政治因素而作罷，[91] 乃以汰除 F-5A/B 型機 19 架，交換丹麥汰除 F/TF-104G 型機 18 架，其中單座 15 架（機號 4411~4425）、

90. 王修睦口述，臺中：自宅，2013（民 102）年 6 月 17 日。
91. 梁新明口述，臺中：自宅，2014（民 103）年 1 月 27 日。

雙座3架（機號4151~4153），經美方將輕翼結構改為重翼結構後，於1987（民76）年6月接收。經第1後勤指揮部檢整，並由第1後勤指揮部王長河少校試飛，[92] 首架4421機於12月11日出廠飛交新竹基地2聯隊，1988（民77）年1月第3大隊接收6架單座機3架（機號4411、4413、4414）、雙座機3架（機號4151~4153），第11大隊單座機12架，1988（民77）年12月全數納編使用。[93]

## 阿里山11號

1990（民79）年後由於F-104型機服役時間已長達四十餘年，使用該戰機之國家逐年遞減，洛克希德公司宣佈停止供應F-104型機零組件，空軍乃透過美國國防部陸續購入比利時空軍所屬的24架戰機（單座16架、雙座8架），充做拆零使用。[94]12月24日起，第1後勤支援處接收「豹安計畫」軍售J-79-11A發動機77具，器材222項5,073件。[95]

魏澤堃少校接任第1後勤指揮部試飛官後，執行TF-

92. 1988（民77）年9月23日，第1後勤支援處完成阿里山10號J-79型發動機18具翻修，交運1指部。

93.《空軍沿革史》，77年度（76年7月1日至77年6月30日）（臺北：空軍總司令部情報署，1988（民77）年），頁632、796。

94.https://zh.wikipedia.org/wiki/阿里山計劃

95.《第1後勤支援處歷史》（1990年7月1日至1991年6月30日），頁98、103。

104G 型 4175 號機 IRAN 試飛時，發生起飛後發動機著火之失事事件，空軍決定併同「星安計畫」不再派任第 1 後勤指揮部 F-104 型機試飛維護官一職，檢整試飛任務改由各飛行部隊執行。

# 換裝訓練

F-104 型機換裝訓練選員區分為三種：官校 48 期前，由空軍總司令部篩選部隊飛行總時間達 500 小時以上的菁英，而後篩選來自部訓隊（F-86/F-5 機）完訓者；自官校 49 期起（1971；民 60 年），由 F-104 型機完訓隊員舉薦各作戰部隊飛行成績較優者；而少數期別（53、60 期）直接來自空軍官校戰鬥組完訓及任職飛行教官輪調者。

新進人員換裝訓練為年度大事，大隊抽調各中隊頂尖人員編成訓練組，進行批次訓練，新進人員如僅有 1 員，則直接由中隊自訓。

換裝首先實施地面學科及座艙實習，經蓋目測驗後，接續進行術科訓練，及格標準 100 分。一階段基礎訓練課目包括：性能、儀器、編隊、夜航等，完成鑑定後放單飛，合計最多 7 架次；二階段戰術訓練課目包括：AI（攔截）、BFM（基本攻防 Inside/Outside Pass）、ACM（重疊攻擊、前方接敵）、ACT、箭靶、NAI（夜攔）等，經考核官鑑定後，授予合格證書，約飛 21 架次；三階段戰備訓練課目包括：

戰備任務訓練（流動隊形、低空航行、鑽升攔截、低空攔截、夜偵航線、夜間長途）、基地訓練等，完成後始可擔負戰備任務。

為能確保全天候攔截技能，飛行員不論資深或資淺，每月必須執行多架次之夜間單機對單機之攔截訓練，於半目視半儀器之環境下飛行，易受到人體生理感觀之半規管欺騙，經常導致飛行員發生錯覺或空間迷向之現象，進而造成失事墜海事件，常為 F-104 型機飛行員可能遇到的狀況。

飛行員依據飛行時間及能力，從僚機→二機領隊→儀器教官→四機領隊→靶場完訓→飛輔室完訓→日間後座→夜間後座→換裝教官、戰精教官、試飛官等層級，逐次進行升等訓練，為保持人員熟稔程度，每年尚要執行鑑定，包括任務考核與儀器換卡等。

為適應高空飛行，每中隊至少保持 4 名具備高空攔截能力者，每年必須進行航空生理及壓力艙訓練。於美軍協防臺灣期間，F-104 型機飛行員從松山搭機前往琉球沖繩嘉手納空軍基地，套量或重新調整高空壓力衣，並接受高空生理及壓力艙訓練，[96] 爾後在岡山空軍醫院建立航生訓練能量施訓。

---

96. 陳明生口述，臺中：自宅，2013（民 102）年 6 月 27 日。

高空生理訓練：初訓 1 週，複訓 1 天。

壓力艙：初訓 5 天，講堂 12 小時，試身 14 小時，艙航 2 小時；複訓 1 天，講堂 3 小時，壓力艙試身及艙航 4 小時。[97]

空勤人員求生訓練，區分為海上及陸上訓練，各 1 週訓期。1963（民 52）年空軍只有海上求生訓練，針對飛行員跳傘落水問題。1967（民 56）年起派赴美軍進行為期 1 天的海上拖昇傘訓練，李作復上尉為第 3 批參訓者（3 月 31 日）。1968（民 57）年美軍將訓練能量轉移至「空軍官校飛行訓練指揮部求生訓練組」。[98]

試飛訓練必須視部隊的需要和長官的安排，挑選資深分隊長階層的人員，接受岡山的空軍機械學校開設試飛官班為期 2 週的課程，及術科訓練 2 架次（雙座機前、後座各 1 架次），經考核鑑定及格後（合計 3 架次），[99] 擔任試飛任務。

換裝 F-104 型機為中華民國飛行員的榮耀，凡飛行員

---

97.《空軍沿革史》第 3 冊，58 年度（1968（民 57）年 7 月 1 日至 1969（民 58）年 6 月 30 日）（臺北：空軍總司令部情報署），頁 776-778。

98. https://www.cafa.edu.tw/content/index.asp?Parser=1,19,437,439

99. 第 1 課：雙座機後座，由前座教官全程示範講解一遍；第 2 課：雙座機前座，經地面檢查、起飛到試飛空域、加速到最大空速、飛操系、起落架系等系統檢查、返場落地、任務歸詢，順利完成課目；第 3 課：鑑定考試，由督察室派員鑑定。

皆想進入 F-104 型機部隊。阿里山 1 號換裝時，伍廷槐[100]身高雖未達標準，但因美軍顧問熟知伍員的飛行技術精湛，始放行通過初試，順利進入換裝訓練，連帶的也有身高問題的祖凌雲，亦得以換裝。[101]

另如 1989（民 78）年總部派貢永新上校任第 12 隊政戰處長，欣然準備換裝，然進入地面學科一週後被告知緩議，只飛了一課，錯失換裝機會，引以為憾。[102]而官校 59 期於 1979（民 68）年臺東部訓隊完訓後分發部隊，發生王長河、劉五連中尉分發交錯事件（劉員分發至第 7 中隊、王員分發至官校飛行訓練指揮部戰鬥組），不料 1981（民 70）年兩員職務再度互換；造成在官校戰鬥組任教原準備輪調至第 3 大隊服務的王衍慶上尉，改調至新竹第 11 大隊換裝 F-100 型機，直至新竹聯隊實施阿里山 8 號換裝，該員終能一展其宏願。（F-104 型機各期人員換裝名冊如表 3）

100. 伍廷槐留美專修 J-79 發動機，為中華民國首居一指的專業教官。
101. 李作復口述，臺中：自宅，2013（民 102）年 3 月 29 日。
102. 貢永新口述，嘉義：自宅，2013 年 6 月 18 日。

表 3・ 空軍換裝 F-104 型機各期班人員名冊

| 期別 | 人員姓名 | | | | | | | | | | |
|---|---|---|---|---|---|---|---|---|---|---|---|
| 5 | 時光琳 | | | | | | | | | | |
| 6 | 司徒福 | | | | | | | | | | |
| 9 | 張濟民 | | | | | | | | | | |
| 12 | 汪夢泉 | | | | | | | | | | |
| 13 | 周石麟 | | | | | | | | | | |
| 13 特 | 徐廷傑 | | | | | | | | | | |
| 14 | 郭汝霖 | 劉德敏 | 蕭連民 | | | | | | | | |
| 15 特 | 溫志飛 | | | | | | | | | | |
| 17 | 李叔元 | | | | | | | | | | |
| 18 | 陳燊齡 | 張汝誠 | | | | | | | | | |
| 19 | 張少達 | | | | | | | | | | |
| 22 | 晏仲華 | | | | | | | | | | |
| 23 | 梁德智 | 劉景泉 | 唐積敏 | | | | | | | | |
| 25 | 殷恆源 | 溫森堯 | | | | | | | | | |
| 26 | 鄭茂鴻 | 萬家仁 | 陳家儒 | 趙知遠 | | | | | | | |
| 27 | 祖凌雲 | | | | | | | | | | |
| 28 | 伍廷槐 | 麥潤明 | | | | | | | | | |
| 29 | 趙善滔 | 雷定國 | 林文禮 | 鍾家騫 | 何建 | 許大木 | | | | | |
| 30 | 呂夢顯 | 李鉅滔 | 李維揚 | | | | | | | | |
| 31 | 路效真 | 陳源生 | 劉憲武 | | | | | | | | |
| 32 | 蕭亞民 | 唐 飛 | 孫 平 | 毛節盛 | 汪健立 | 張光風 | | | | | |
| 33 | 王繼堯 | 李子豪 | 鄧維海 | 殷春萱 | 丁定中 | 呂伯力 | 龐耀祖 | | | | |
| 34 | 王 璪 | 于鴻勛 | 林鶴聲 | 李正武 | 鍾曉星 | 李聞堯 | 謝崇科 | 徐銘譚 | | | |

| 35 | 梁金中 | 顧正華 | 洪聰公 | 張志武 | 盧義勇 | 許銘昌 | 范里 | 施龍飛 | | | |
|---|---|---|---|---|---|---|---|---|---|---|---|
| 36 | 楊敬宗 | 黃七賢 | 夏繼藻 | 林振國 | | | | | | | |
| 37 | 朱偉民 | 沙國楹 | 蘇根種 | 齊正文 | 傅立武 | | | | | | |
| 38 | 關永華 | 王乾宗 | 范鴻棣 | 羅光麟 | 孫武泰 | 周振雲 | | | | | |
| 39 | 莊人亮 | 黃榮北 | 盛士禮 | 張 甲 | 孫祥輝 | 吳載熙 | 林文拯 | 帥立人 | | | |
| 40 | 詹鑑標 | 黃顯榮 | 李志立 | 汪有為 | 黃東榮 | 黃永厚 | 葉定國 | | | | |
| 41 | 李作復 | 胡世霖 | 黃慶營 | 范煥榮 | 李伯偉 | 張政傑 | 樊啟健 | 羅近賢 | 李益慎 | 張建杭 | 鍾佩珍 |
| 42 | 夏瀛洲 | 孫國安 | 李光志 | 傅重康 | 金正岳 | 劉清一 | 張寶來 | 李樹南 | 謝甦 | | |
| 43 | 石貝波 | 傅季誠 | 溫寶良 | 黃瑞文 | 甯建中 | 王洪佳 | 沈為公 | 傅季誠 | 王水運 | 蔡寧 | 李春雷 |
| 43 | 劉君揚 | 張建碩 | | | | | | | | | |
| 44 | 李佳志 | 鄭德鄰 | 蔡冠倫 | 吳家芳 | 陳周滇 | 黃力行 | | | | | |
| 飛 52 | 蕭潤宗 | 曾龍雄 | 陳炎慶 | | | | | | | | |
| 45 | 陳明生 | 丁滇濱 | 鄧雲海 | 王漢寧 | | | | | | | |
| 飛 53 | 黃學文 | 應逸星 | 馬龍光 | 王鴻章 | 周錫君 | | | | | | |
| 46 | 邵 倫 | 陳盛文 | 傅慰孤 | 金康柏 | 李協合 | | | | | | |
| 飛 54 | 王寶華 | 蕭金澤 | 周治賢 | 李天羽 | 梁世勇 | 高巍和 | 黃植炫 | 周錫湘 | 謝在民 | 曹治宇 | 王在平 |
| 47 | 楊學仁 | 孔學敏 | 周文沖 | 王法舜 | 汪誕嘉 | 劉文仲 | | | | | |
| 飛 55 | 劉壽榮 | 顏勝義 | 林俊志 | 黃國平 | 沈海亭 | | | | | | |
| 48 | 譚宗虎 | 史濟民 | 王止戈 | 林立功 | 馮象華 | 傅忠毅 | 卜啟珏 | 陳霧 | 曹世釗 | | |
| 49 | 李鳳山 | 徐光大 | 馬萬祥 | 高培德 | 姚少鴻 | 葉又青 | 謝毅民 | | | | |
| 50 | 蔡維綱 | 王武漢 | 王蓉貴 | 葛光越 | | | | | | | |
| 51 | 莫漢偉 | 邰肇賡 | 梁慶平 | 李大明 | 裴浙昆 | 宋孝先 | 陳其昌 | 劉勝信 | 張行達 | 鍾申寧 | 陳燮祥 |
| 51 | 汪顯群 | 杜伯翔 | 閻海卿 | | | | | | | | |
| 52 | 李天翼 | 陳仁義 | 金乃傑 | 陳緩成 | 黃山陽 | 傅祈平 | 竇柏林 | | | | |
| 專 2 | 許應益 | 許寧遠 | 李勝興 | | | | | | | | |

| 53 | 張醒光 | 王克堅 | 彭魯蘇 | 趙嘯濤 | 彭進明 | 孫培雄 | 李少弘 | 童澎 | 趙孜政 | | |
|---|---|---|---|---|---|---|---|---|---|---|---|
| 專 3 | 錢超銘 | 劉金輝 | | | | | | | | | |
| 專 4 | 李阿斌 | 傅振中 | 劉屏瀟 | 江泰廣 | 林清焜 | | | | | | |
| 54 | 戴祥棋 | 王明義 | 沈再添 | 陳敦銘 | 伍克振 | 梁玉飛 | 沈智威 | 王台新 | | | |
| 專 5 | 蕭永華 | 吳國禎 | 王華龍 | 楊春霖 | 朱明復 | | | | | | |
| 55 | 楊定輝 | 葉嘉偉 | 林於豹 | 薛東興 | 沈遠台 | 張守屏 | 葛熙熊 | 張嘉中 | 宋台生 | 李希憲 | 楊亮 |
| 專 6 | 徐國賢 | 吳慶璋 | | | | | | | | | |
| 56 | 毛重九 | 陸永維 | 任克剛 | 孟竹明 | 劉介岑 | 鄧奇傑 | 林建戎 | 金秉和 | 蘭興國 | 曾章瑞 | 盧智賢 |
| 56 | 田定忠 | 岳修齊 | 熊湘台 | 張念華 | 喻志攻 | 陳玄 | 李清正 | | | | |
| 57 | 秦宗璽 | 童雪柏 | 應嘉生 | 周大同 | 沙啟屏 | 郇正中 | 李元復 | 羅際勳 | 林清添 | 陳曉明 | 王鎮一 |
| 57 | 宋志成 | 游永松 | 孫永惠 | 毛聖鑄 | 段啟疆 | 趙先覺 | 潘斗台 | 管瀛洲 | 張澎測 | 徐台霆 | |
| 58 | 楊少焜 | 葛凱光 | 王基武 | 葛廣明 | 李士垣 | 閻中秋 | 喻宜式 | 曹吉屏 | 劉時宏 | 藍志剛 | 朱泰樺 |
| 58 | 葛再淵 | 張明仁 | 孟憲琨 | | | | | | | | |
| 59 | 穆少文 | 劉五連 | 楊建民 | 陳慶國 | 孫忠林 | 胡宗俊 | 喬春生 | 王長河 | 趙子鈞 | 韓更生 | 沈先康 |
| 59 | 胡金保 | 邱中彥 | 王衍慶 | 鄒承光 | | | | | | | |
| 60 | 魏澤堃 | 趙起仁 | 王璉 | 張鳴群 | 吳尚發 | 張金明 | 田立杰 | 郭奇揮 | 楊志誠 | 沈耀文 | 李鐘寶 |
| 60 | 汪惕吾 | 劉樹金 | 楊華倫 | 楊嘉義 | | | | | | | |
| 61 | 張琮田 | 邵繼高 | 李鳳全 | 張清源 | 柏關忠 | 李俊斌 | 吳寶鼎 | 姚其義 | 傅中英 | 謝興邦 | 張復一 |
| 61 | 李忠智 | 潘衍昌 | 譚英德 | 劉煌燦 | 陳朗華 | 張金忠 | | | | | |
| 62 | 張建輝 | 夏有志 | 王寵惠 | 麥英明 | 張鼎禮 | 陳泰偉 | 范姜志平 | 尹孝忠 | 盧泓明 | 黃定國 | 柯 濠 |
| 62 | 陳俊良 | 邱文銓 | 陶中海 | 方力非 | | | | | | | |
| 63 | 劉盛隆 | 段富珍 | 陳福水 | 周鎮華 | 簡金渠 | 方圓 | 周廷諭 | 陳志恆 | 布其方 | 張玉山 | 張延廷 |
| 63 | 李中良 | 唐盛家 | 李築宇 | 莊源興 | 繆漢青 | 葉國豪 | 吳立群 | 簡銘鏡 | | | |
| 64 | 王修睦 | 谷懷先 | 劉其儒 | 葛金琦 | 李維安 | 官鎮福 | 南俊賦 | 姜山明 | 葉興富 | 葉可俊 | 葛季賢 |
| 64 | 呂聰明 | | | | | | | | | | |

| 65 | 魏鎮宇 | 譚文承 | 張克辛 | 張國華 | 黃集弘 | 張世明 | 李德安 | 朱恆武 | 丘育才 | 萬勝隆 | 徐雲龍 |
|---|---|---|---|---|---|---|---|---|---|---|---|
| 65 | 郭建志 | 孟繁斌 | 蔣復恩 | 郝以行 | 劉文祥 | 韋國璋 | | | | | |
| 66 | 王天祜 | 李俊肇 | 林培聰 | 彭德正 | 楊士菁 | 郭 恆 | 馬振華 | 孫震寰 | 周燕弘 | 許竹君 | 涂相文 |
| 66 | 戴家直 | 李其榮 | 胡瑞鴻 | 鄭榮豐 | 湯耀天 | 陳寧江 | | | | | |
| 67 | 劉峰瑜 | 許名俊 | 黃炳敏 | 蔡明訓 | 常振寧 | 許朝銘 | 王繼陽 | 胡中英 | 郭榮燕 | 楊如宗 | 王裕國 |
| 67 | 周鳳鳴 | 薛 傑 | 吳啟明 | 汪東平 | 劉文華 | 汪肇麟 | | | | | |
| 68 | 吳裕國 | 王文琳 | 黃光華 | 張善為 | 連義之 | 李光正 | 那耀宗 | 戴允平 | 黃成衛 | 楊靜瑟 | 邵志群 |
| 68 | 鄧景文 | 張健翔 | 顏家蓮 | 葉振波 | 奥世琦 | 江瓊麟 | | | | | |
| 69 | 徐仲賢 | 黃獻忠 | 盧建中 | 林意誠 | 謝昇龍 | 蔡章鑫 | 蔡奕琪 | 向月恆 | 林志璜 | 荊元武 | 陳志謙 |
| 69 | 王光德 | 孫楚清 | 柳惠千 | 邱良俊 | 王誌寬 | 嚴立勳 | 吳彬福 | 冷文煌 | 張治球 | 段瑞祺 | 鄧光昶 |
| 70 | 夏炎良 | 吳賢群 | 王文祥 | 邵立平 | 李旻旭 | 林助昇 | 呂德昌 | 董培倫 | 龍仕銓 | | |
| 71 | 趙維廉 | 胡明遠 | 邵忠良 | 何淦華 | 李政謀 | 李忠仁 | 崔倍隆 | 許憲駒 | 姚忠義 | 江金亮 | 鄧恩憐 |
| 73 | 張復湘 | | | | | | | | | | |
| 合計 | 519 員 | | | | | | | | | | |

資料來源：整理自各 F-104 部隊隊史館及飛行員口述。

# 建立準則

建立 F-104 機標準作業程序、戰術研發、攔截同溫層高空戰機、箭靶射擊、AIM-9E 飛彈試射、夜攻照明、天網功能測試（低 / 高空雷測）、基地訓練、戰術演練及儀器飛行訓練等，均對建軍備戰有重大貢獻，所有部隊成員均參與其中，特別值得一提者有:唐飛、孫平、王璪、黃顯榮、陳明生、孔學敏、譚宗虎、史濟民、蔡維綱、應嘉生…等。

## F-104 機標準作業程序

F-104 機部隊運作係依據美軍標準作業程序（SOP）進行，為肆應國情，黃顯榮等負責翻譯編纂，建立起空軍 F-104 的標準作業程序，因為其文武雙全，獲得大隊長陳燊齡上校的賞識，而後軍旅均有重用。[103]

103. 王止戈口述，龍潭：自宅，2013（民 102）年 9 月 24 日。

## 戰術研發

因應中共換裝 MIG-19 戰機的威脅，空軍要求各聯隊成立「戰地研究組」完成《F-104A、F-100A、F-86D、F-86F 機綜合運用研究》[104]、《RF-101 及 RF-104G 戰術戰法彙編》等，F-104 機則由唐飛、王璪等負責撰擬《F-104 機戰法》，供部隊戰備訓練用。

## 重疊攻擊戰法

此戰法是美國創新研發的，由空軍派訓美軍炸射班的飛行員偷學回來，唐飛據此再研擬出 F-104G 型機兩機攻擊戰法。

空軍原採三機編隊進行空戰，韓戰期間美軍發展出四機流動隊形進行空戰，也就是二機一組，三、四號機採高位進行掩護，當敵機攻擊我長僚機時，可利用位能換取動能，進行支援；當戰機擁有後燃器後，加速問題獲得解決，兩機一組編隊戰力更加有效發揮（如圖 18）。[105]

1963（民 52）年我空軍第 4 大隊首度派遣 F-100 型機飛行員至美軍戰鬥機武器學校受訓，當時博伊德（John

104.《空軍沿革史初稿》第 8 輯第 2 冊（臺北：空軍情報署，1970（民 59）年 1 月），頁 290。
105. 唐飛口述，林口：中華戰史文獻學會，2019（民 108）年 3 月 20 日。

Boyd）方提出能量轉換應用於空戰纏鬥的論點，此戰術課程事屬機密，外軍不能參與學習，我軍學員多在俱樂部啤酒會（Beer Break）中側聽，傳回國內。

圖 18． 重疊攻擊戰法──唐飛少校

F-104 型機在臺海空中戰場的主要對手為中共的 MIG-21、MIG-19、MIG-17 型機。

F-104 型機具備雷達截面積最小、座艙視界最佳、掛載外油箱可行外線作戰之特點；鑽升性能略優於 MIG-19，優於 MIG-21，完全超越 MIG-17；加速性能絕對優於 MIG-19 及 MIG-17，對 MIG-21 時需要利用能量圖取勝；俯衝加速能力超過中共各型機，且具備低空最大指示空速極限（750 浬 / 時）優勢;然受翼面積小的影響，持續轉彎能力差，不利纏鬥。

針對 F-104 型機進行飛彈攻擊後，機尾暴露於敵人火砲下，容易遭受敵飛彈攻擊，唐飛少校最先運用技令性能圖表中機翼負荷之概念，提出兩機攻擊戰法（Double

Attack）[106] 的作戰操作問題，一旦完成飛彈攻擊後，立即使用負 G 加速脫離戰場，[107] 此種戰術遠較四機一組流動隊形更為優越，但空軍其他部隊使用 F-5E、F-100 等型機，不具備速度優勢，未能推廣。然美方洛廠獲悉唐飛筆記後，立即使用電腦進行運算分析（ABM360），證明可行，並推廣至使用 F-104 型機之國家，據悉已廣為採納運用取代了韓戰時代的「四機流動隊形」與戰法，特致函聯隊感謝，但當時聯隊長顧慮「未呈報上級逕行交付美軍」後遺，要求唐飛隱瞞感謝函一事。[108]

部隊因此實施負 G 加速、鑽升攔截轟炸機、桶滾攻擊、低空英麥等為戰而訓的課目。[109]1967（民 56）年 12 月 25 日，孫祥輝少校帶飛黃瑞文上尉，駕 TF-104G 型 4143 號機執行 ACM 負 G 脫逃訓練，肇致戰機失事人員殉職事件。1972（民 61）年 8 月 30 日，溫寶良少校帶飛王蓉貴中尉，駕 TF-104G 型 4148 號機執行 ACM 負 G 脫逃訓練，同樣故障再次發生，但僅王蓉貴中尉跳傘輕傷，溫員殉職；此

106. 重疊攻擊隊形：兩機一組，左右保持 12,000 呎（轉彎半徑）平行距離，充分發揚火力，相互支援並行掩護。參見〈第八章 雙攻擊隊形戰法（The Double Attack System）〉，《F-104 機使用可靠性之專案計畫報告（第二集）》，王昌國、劉景熙譯（臺北：空軍總司令部，1969 年 10 月），頁 103~121。

107. 張建碩口述：28 中隊隊長陳家儒中校發現一戰術，用負 2.5G 俯衝加速至 2.2 馬克，米格機無法追上。

108. 唐飛口述，臺北：空軍官兵活動中心，2013（民 102）年 3 月 16 日。

109. 陳明生口述，臺中：自宅，2013（民 102）年 7 月 12 日。

事件在其他國家從未發生，懷疑是國軍的 F-104 型機可能有液壓油不足、空隙、氣泡、液壓泵問題，發生液壓系統故障（液鎖），或與後勤維護相關，[110] 亦可能是當時的維護人員不遵守修護紀律所致。[111]

## F-104 機戰法

王璪少校在撰擬《F-104 機戰法》時，認為 F-104 機不具纏鬥優勢，因此將戰法簡單化，避免飛行員嘗試與敵進行近距離拼鬥。

針對 F-104G 型機全天候攔截訓練，藉助分隊長孫平少校飛 F-86D 全天候戰機的經驗，與戰術管制聯隊攔管官

---

110. 後勤行政支援不足，停機線修護在飛行中隊編制下，而美空軍早已將停機線維護，調整改隸於修補大隊之下（達一元化），我空軍因修護系統反對而作罷。

111. 唐飛口述，林口：自宅，2013（民 102）年 6 月 24 日。4143 及 4148 號機「液鎖」問題造成二次重大失事。究其事件主因為，此二次液鎖皆發生在「負 G」情況下，可能發生之肇因：1. 液壓油箱底部出油管處是空氣，約 30-40 秒的負 G 有必然的關係；2. 主要原因應是液壓油顯示燈未保持「滿油」狀況才有液壓油產生空隙（空氣）所致；3. 依飛行經驗「液壓油不足」油管內有空氣，致使液鎖在負 G 時產生；4. 飛行前檢查不確實的原因，機堡散在各處與機務室距離甚遠，偶有液壓油稍不足，因需拖裝備支援，嫌麻煩，因此在裝備支援不易情況下（通信裝備也不足，不易聯絡通知），常馬虎行事，造成檢修「不確實」。另外，如鼻輪減震支柱長度不足，或空調水箱水量不足，需氣壓機來執行改善缺點，修護人員也都有相似的處理情況。為避免相關情況類生，唐飛擔任中隊長時，律定清晨飛行前檢查，由駐隊飛行分隊長一人，隨機務室人員上場督導飛行前檢查，協助機工長解決「問題」。F-104 型機服役 38 年，有多少飛機起飛「帶不起來」，而放棄起飛，因此摔掉不少架飛機。G 型機航空電子裝備重量大造成起飛時，如鼻輪減震支柱不夠高，是主要因素。若干年後唐飛任大隊長時，又要求重新推動加強「飛行前檢查」有效減少類況再生。

共同組成「空地聯合編組」，使用傳統圖紙進行雷達攔截訓練規劃，依據雷達、響尾蛇飛彈性能、速度優勢及追蹤、瞄準、操縱的後滯距離，擬定出50、90、135、180度等雷達攔截方式，並避開雷達回波死角（高度空），長僚機保持5~7浬之跟蹤距離，實施夜間編隊航行，成為爾後訓練的標準。[112]

1964（民53）年，空軍作戰司令部策訂《「南北區偵巡」戰術行動規定程序》，並預擬偵巡航線12條區分地區，藉以測試中共戰管能力。[113]

1967（民56）年，空軍作戰司令部策訂《F-104G型機夜間及白晝以高高度及高速度測試中共對大陸沿海偵巡反應辦法》、《防空警戒飛機全部緊急起飛程序》。[114]

1975（民64）年度作戰研究完成《F-104機防空攔截之研究》、《RF-104G執行大陸沿海偵照有關問題研討》、《F-104型機剋制匪F-9型機戰術戰法研究》等。[115]

1976（民65）年度作戰研究完成《F-104機運用AIM-9E飛彈鑽升攻擊之研究》。[116]

1977（民66）年度作戰研究完成《我F-104機、F-5E

112. 孫平口述，林口：自宅，2013（民102）年3月23日。

113. 空軍總司令部情報署，《空軍戡亂戰史》第17冊，臺北：1977（民66）年，頁60。

114. 空軍總司令部情報署，《空軍戡亂戰史》第20冊，臺北：1977（民66）年，頁62。

115.《中華民國64年度空軍年鑑》，臺北：空軍總司令部，頁26~29。

116. 115《中華民國65年度空軍年鑑》，臺北：空軍總司令部，頁34。

機與匪 MIG-21、F-9 機性能比較》、《F-104G 運用空用雷達搜索海上目標之研究》。[117]

1978（民 67）年度作戰研究完成《F-5E 機與 F-104 機聯合重疊攻擊戰術戰法研究》、《F-104 機對匪 MIG-21 機戰術戰法之研究》、《F-104G 機如何擊落匪轟炸機 IL-28 及 TU-16 之研究》。[118]

1979（民 68）年度作戰研究完成《F-104 機小兵力實施大陸沿海偵巡之研究》、《就目前台海情勢如何運用 F-104A 之優越攔截能力確保空優之研究》、《F-104G 機如何擊落匪轟炸機 TU-16、IL-28 之研究》。[119]

1980（民 69）年度作戰研究完成《如何維持 F-104 機戰力之研究》。[120]《美空軍 F-104 機緊急程序之探討》譯印。[121]

## 攔截同溫層高空戰機

因應同溫層轟炸機的威脅，1966（民 55）年 8 月 15 日起，飛行員配發高空壓力衣，然高空高速攔截是一難事，攔截只

117.《中華民國 66 年度空軍年鑑》，臺北：空軍總司令部，頁 42~43。
118.《中華民國 66 年度空軍年鑑》，臺北：空軍總司令部，頁 16~18。
119.《中華民國 67 年度空軍年鑑》，臺北：空軍總司令部，頁 15~17。
120.《中華民國 69 年度空軍年鑑》，臺北：空軍總司令部，頁 19。
121.《中華民國 69 年度空軍年鑑》，臺北：空軍總司令部，頁 27。

有一次的成功機會，且必須在空地協同下，不容許有一絲毫的錯誤，所有作戰人員需進行 1+1 架次的訓練，[122] 始能擔負高空攔截任務，任務前需先進行 30 分鐘的去氮措施，任務時會汗流浹背，任務後身體因受到高空壓力衣的束縛，多有血痕產生，但在華美斷交後，該項任務隨即停止。[123]

1976（民 65）年，首次執行 RB-57 高空偵察機計畫性攔截任務人員是中隊長孫國安中校與副隊長陳明生中校。美軍 RB-57 機由琉球基地起飛，高度保持 5 萬呎，途經花蓮，指向中國大陸，達成攔截後，降落清泉崗基地。陳明生受命負責規劃，預計目標到達攔截點前 13 分鐘，由空軍戰術管制中心下令緊急起飛，起飛後西向爬升，再回頭加速 2.0 馬克進行攔截。然而當日戰管下令緊急起飛時，美軍 F-4C 戰機在清泉崗基地發生落地爆胎事件，必須等待跑道完成清掃後才能起飛，因此延誤了起飛時機，陳明生當下決定改變計畫，起飛後採碰撞航線進行攔截，雖然攔截到 RB-57 機，但因戰機無足夠的能量達成有效的模擬攻擊，引以為憾。空軍經此次任務演練後，更認知臺海因縱深不足，戰機恐無法攔截中共高空高速的進襲目

122. 1 個完成高空攔截訓練人員，隨伴 1 位新進人員執行訓練。

123. 馮象華口述，臺中：自宅，2013 年 6 月 28 日。

標，[124] 因此必須增購高性能防空飛彈，彌補空防間隙。[125]

## 空靶射擊

為訓練飛行員使用機砲儘速擊落敵機，制式科目為箭靶射擊，後因箭靶材質不佳及成本高，一度以平靶代替，俟箭靶改良後，再度恢復使用箭靶。[126]

平靶是由一條 2,000 呎的鋼繩連接著一張大約 20×6 呎的白色尼龍網組成，由 T-33 機任拖靶機，在跑道頭衝靶，掛靶成功後飛往訓練空域，靶機保持直線飛行，速度 200 浬 / 時，通常射擊機有 4 架，保持跟蹤隊形，[127] 懶 8 字航線射擊。

箭靶是由一條 1,500 呎的鋼繩拖著一具大約 15 呎長的四片三角形的蜂巢式木板拼成的錐形靶標組成，尾部寬約 5 呎，靶標外粘貼著厚實的錫泊紙，尾端為一個約 50 公分左右的鋁製錐形反射器，這個反射能夠將反射信號放大，使雷達能夠接收到反射信號大約等於一架戰機的大小，供雷達鎖定用。[128]

124. 中共戰機若高空高速出海，我擔任警戒的 F-104 戰機緊急起飛後，必先向東爬升加速，待獲取能量後才能進行攔截，俟攔截到時，敵機已經完成投彈動作，失去戰機。

125. 陳明生口述，臺中：自宅，2013（民 102）年 6 月 28 日。

126. 黃慶營口述，臺北：自宅，2013（民 102）年 11 月 7 日。

127. http://tw.myblog.yahoo.com/metalf16/article?mid=1496&next=1263&l=f&fid=17

128. http://tw.myblog.yahoo.com/metalf16/article?mid=3515&l=d&fid=1

箭靶射擊訓練通常由 5 架（4 打 1 拖）或 7 架（6 打 1 拖）組成，箭靶是由 F-104 G 型單座機掛載，靶機為總領隊，速限 250 浬 / 時；射擊機先起飛，起飛後繞機場一圈，接近跑道時拖靶機才起飛，射擊機跟在拖靶機後方，檢查放靶正常才能在射擊空域進行訓練科目；射擊時一般採 8 字航線，採 2、1、4、3 號機的順序射擊，每架射擊機有 1 個 8 字航線的射擊機會。

## AIM-9E 飛彈試射 [129]

F-104 型機換裝 AIM-9E，為驗證其效能，令蔡維綱少校研究，當時國軍並無靶機，因此考慮使用照明彈當射擊目標，經查訪後於一指部找到封存 3 年之久的照明彈 2,000 枚，始解決試射問題，於是派遣陳明生中校為領隊，完成了飛彈試射任務。後期 AIM-9J、AIM-9N[130]、AIM-9P 射擊，更以發射機載 5 吋火箭做為射擊目標，由射擊機自行先行發射目標 5 吋火箭後，立即以飛彈鎖定火箭後發射飛彈。

---

129. 蔡維綱口述，臺中：自宅，2013（民 102）年 6 月 20 日。

130. AIM-9N 飛彈使用期程最長。

## 夜攻照明

1976（民 65）年空軍 F-5 型機執行夜間海上攻擊任務，然受到裝備影響，無法使用雷達進行偵蒐目標，時任大隊長孫平上校認為夜間可以用 F-104G 型機為前導，投擲照明彈來指示目標，於是將此任務交付給分隊長史濟民少校研究，史員從計畫撰擬、使用木製模具在水溪靶場試投等，全數一手包辦，並與孔學敏少校在左營外海進行日、夜間試投，最後提出研改 NASSR F-15A 雷達對地模式的要求，增設 B 型掃瞄及 5 浬顯示功能（原為扇形掃瞄、80/40/20/10 浬顯示），經第 3 修補大隊的努力於 1977（民 66）年裝置成功，[131] 經由史濟民少校及陳明生中校的飛試，照明彈不但精準地投擲於目標正上空，同時更可避免危害到海軍艦艇的安全，終於克服了空軍執行夜間攻擊的難關，精準有效地指引 F-5 型機（或 AC-119 型機）部隊遂行夜戰任務。[132]( 如圖 19)

131.《空軍沿革史》，78 年度（1988（民 77）年 7 月 1 日至 1989（民 78）年 6 月 30 日）（臺北：空軍總司令部情報署），頁 777。

132. 史濟民口述，臺中：自宅，2013（民 102）年 6 月 21 日。

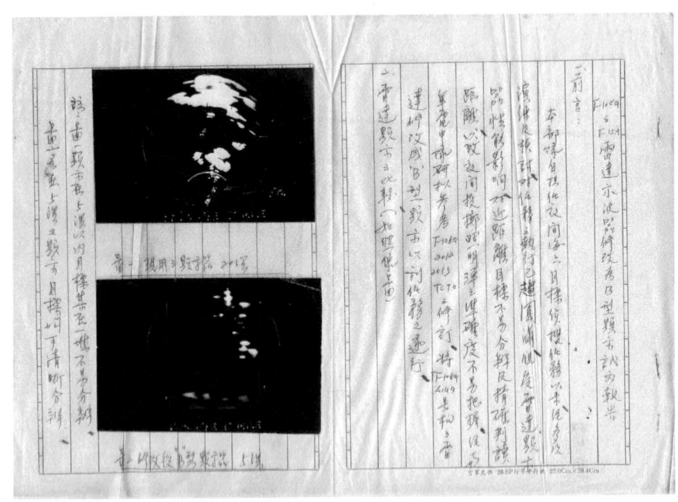

F-104G之F-15A雷達示波器修改為B型顯示試飛報告

一、前言：

本部[illegible]作戰[illegible]海上目標偵搜任務以來[illegible]演練及檢討[illegible]雷達顯示器性能影響對近距離目標不易分辨及精確判讀距離，以致夜間投擲照明彈之準確度不易把握，[illegible]

二、雷達顯示之比較（如照片上面）

圖一 現用之顯示器 20哩

圖二 修改後B型顯示器 5哩

圖 19・F-104G 之 F-15A 雷達示波器修改為 B 型顯示試飛報告

## 與中共殲偵機進行對抗演練

1977（民 66）年 7 月 7 日，中共空軍第 2 偵察機團 1 大隊 2 中隊中隊長范園焱駕駛編號 3171 的殲偵 -6（米格 -19）型機投誠（如圖 3），為驗證中共戰機性能，空軍派遣第 8 中隊李鳳山少校與范員進行一對一空中實兵對抗演練。

## 天網功能測試

師法美軍防空司令部全自動化防空系統，於 1979 年（民 68）跟進改造，號稱「戰管自動化防空系統」，實為半半自動化指揮系統。

1981（民 70）年「天網」系統建置完成，總部任命譚宗虎為參數召集人，並派遣蔡維綱進行飛測。[133]

1982（民 71）年為鑑測戰術管制聯隊「天網」功能，為密匿企圖，作戰部直接經聯隊長鄧維海少將下令給第 7 中隊應嘉生少校個人，使用 TF-104G 型機 1 架由清泉崗基地起飛，起飛後保持超低空航線加速至 1.2 馬赫，至東引島上空拉升並調頭，模擬中共攻擊臺灣，直指馬公及清泉崗空軍基地，當然對戰術管制聯隊造成一陣慌亂，同時也提高了部隊的戰備警覺。[134]

## 基地訓練

1986（民 75）年郝柏村任總長期間，檢討空軍訓練司令部的存廢，時任空軍總部訓練組的蔡維綱中校提議：師法陸軍建立基地訓練制度，獲得總司令陳燊齡上將認可，

133. 譚宗虎口述，臺中：自宅，2013（民 102）年 6 月 27 日。
134. 應嘉生口述，臺中：翔園，2013（民 102）年 6 月 27 日。

副參謀總長趙知遠上將亦認為空軍部隊應該放下一切戰備任務專司訓練，精進戰技，因此空軍總部在參謀長鄧維海中將的籌劃下，訓練組開始編定各種訓練法規及教範等，並對全軍進行巡迴講習，[135]同時任命督察室考核組陳明生上校[136]負責規劃基訓部的成立事宜。7 月 1 日空軍基地訓練指揮部在清泉崗基地正式成立，任命李子豪少將為指揮官、王正雄上校為副指揮官、空勤裁判長為孔學敏上校[137]、技勤裁判長為林毓青上校，著手開始建立空軍基地訓練的制度，每月進行定期的檢討，基地訓練中最困難部分的是空、技勤訓練的學科與術科如何評鑑問題？因為無前例可循，於是由孔學敏與林毓青商討自創，將各種課目予以量化，制定完成學習評鑑表，首開國軍部隊訓練之先河。9 月底，郝柏村及陳堅高上將在空軍總司令陳燊齡上將陪同下視導基地訓練指揮部，給予極高的評價，後續更邀請國防部長宋長志先生親臨視導，並要求陸、海軍各部隊派員前來觀摩。

9 月 21 日至 12 月 12 日，接訓首批部隊空軍第 499 聯

135. 蔡維綱口述，臺中：自宅，2013（民 102）年 6 月 20 日。

136. 1986（民 75）年陳明生上校考取三軍大學戰爭學院，因此未選列基訓部任職。

137. 1986（民 75）年 10 月 1 日空軍第 8 大隊在花蓮復編，孔學敏被任命首任 F-5 機大隊長，然基訓正值重要時刻，故延後至 11 月始赴花蓮上任。

隊聯隊長范里少將、大隊長傅慰孤上校等人要求：一切按基訓部規定行事：包括口令、學科、學員課目規劃、任務提示、落地後歸詢檢討、成績評鑑等，[138] 以求作業標準化。

傅慰孤上校認為基地整訓的內容為關鍵，11 大隊最重要課目：儀器（IN）、全方位攔截（AI）及戰術攻防（ACM），因此責成下轄 3 個中隊，各負責 1 個課目進行研究與精進，並策定專精訓練的項目與標準等。

戰術攻防課目由前任大隊長陳盛文上校所派遣至臺東炸射班完訓的成員組成，將 F-5 機能量轉換的訓練模式引進至戰術攻防中。

全方位攔截則聯合戰術管制聯隊攔截管制官共同組成研究團隊，利用傳統圖紙完成各種攔截譜法，作為專精訓練的腳本。

基地訓練完成時，總司令陳燊齡上將特別赴清泉崗基地視導，第 11 大隊簡報的內容含括訓練構想、重點、方法、課次等，但總司令關切的焦點是標準如何？如何檢證基地訓練的成效等問題？

由於基訓部的設立，總司令部決定於 1987（民 76）年空軍全軍炸射比賽首次集中在清泉崗基地執行，競賽區

138. 孔學敏口述，臺中：自宅，2013（民 102）年 6 月 21 日。

分為空中與地面兩組，包括空靶、地靶與後勤潛力裝掛競賽項目等，裁判官統由基訓部派遣，所有進駐部隊的後勤支援事宜，統由第 3 修大修管科科長楊桝森中校統籌辦理；第 3 大隊派遣金乃傑中校、應嘉生、穆少文少校、張鳴群上尉與賽，穆少文個人勇奪空靶冠軍，團體組名列全軍第 2。[139] 第 11 大隊於 1988（民 77）年派遣游永松中校、柯濠少校、涂相文上尉、汪東平中尉參加全軍炸射比賽，勇奪冠軍。[140]（如圖 20）

**圖 20・ 空軍全軍炸射比賽中的第 427 聯隊 3 大隊**

139. 吳家麒口述，臺中太平，自宅，2013（民 102）年 8 月 11 日。

140. 1989（民 78）年更獲得聯隊長丁滇濱少將的讚譽：「第 11 大隊飛行員在 F-104G 型機的性能操作上，勝於第 3 大隊」。傅慰孤口述，新竹：自宅，2013（民 102）年 6 月 19 日。

## 戰術演練

1988（民 77）年 7 月 1 日，臺東志航基地 46 中隊戰術中心自美國引進戰術演練儀（ACMI），空軍決定 F-104 型機部隊配掛翼下感應夾艙（PAD），輪駐臺東基地進行戰術專精訓練。[141]

為完成中隊機動移駐整備，1990（民 79）年 6 月，第 3 飛行大隊及修補大隊選員，由第 7 中隊機務長吳家麒少校領隊，先赴志航基地的戰術訓練中心（TTC）實施現地探勘，進行進駐規劃，目的是為 7、8、9 月即將來此受 ACMI 訓練的飛行中隊「舖路」，工作包括：建立進駐部隊與志航基地的指揮管制、協調關係，將 10% 即將屆期的計畫性維修提前執行，攜帶必要的工具裝備，充分運用線上維修及每週（1、5）C-130 機空運後送裝備等，有效提高妥善率與支援能量。準備期間，特派遣 F-104 型機分隊進行轉場訓練，測試志航基地的過境維護能力。

同年 7 月，第 7 中隊空中梯隊在沈遠台中校領軍下，駕 3 雙 9 單共 12 架戰機，首先進駐志航基地，隊員有李鳳全少校、麥英明少校、夏有志少校、段富珍少校、張國

141. 3 聯隊所屬 F-104 機部隊除漢光 6 號演習移駐外場外，從未在外場運作超過 8 天以上。

華少校等；[142] 地面梯隊由輔導長王長河中校領隊，從清泉崗基地出發，走陸路，繞行大半個臺灣，到達志航基地。首次的中隊機動移防，對從未離開基地的部隊來說，是一種挑戰與考驗，面對陌生的基地、環境、空間、運作規定，必須有縝密計畫與充分的準備，才能有條不紊，順利抵達。

在臺東基地飛行訓練，演練近乎實戰，一改過去憑藉自由心證的裁判方法，達成戰術專精的目的，由於天氣好，修護人員工作能力強，終結件（LRU）備料完整，故障排除快，每日飛機妥善率保持約 85~100%，遠超過部頒標準 70%，每天飛訓 4 批，飛行進度不但超前，且嚴格與紮實的訓練，中隊戰力大幅提升。

第 7 中隊完成戰術專精訓練後，聯隊長王漢寧特別設宴慶祝，犒賞中隊圓滿完成移防與訓練的辛勞。[143] 而後 8 月第 8 中隊、9 月第 28 中隊依序進駐臺東實施訓練。[144]

---

142. 沈遠台口述，臺中：自宅，2013（民 102）年 6 月 24 日。
143. 吳家麒口述，臺中太平：自宅，2013（民 102）年 8 月 11 日。
144. 吳家麒口述，臺中太平：自宅，2013（民 102）年 6 月 25 日。

## 儀器及模擬機飛行訓練

1974（民 63）年 12 月至 1975（民 64）年 5 月，葛光越少校代表部隊赴美國德州聖安東尼的蘭道夫空軍基地（San Antonio, Texas. Randolph Air Force Base）美國儀器飛行教官學校 1975（民 64）年班訓練，完成訓練返國後，接續在清泉崗基地藉第 35 作戰隊旗下，成立儀器飛行種子教官班，召訓全軍飛行幹部，以提升部隊飛行員儀器飛行相關的學能，使用裝備包括 T-33A 教練機、林克機及緊急程序訓練機等。1977（民 66）年 6 月 29 日至 9 月 20 日，續派沈再添參加訓練。

模擬機訓練：由模擬機室施訓，資深人員每月 1 架次，資淺人員每月 2 架次前往模訓室飛林克機；規劃不同的科目和航線，有軌跡圖顯示飛訓成果。

另外模訓室還有一架 F-104 緊急程序訓練機，供飛行員加強緊急情況處置訓練用途。

表4・空軍組織系統表（1962（民51）年）

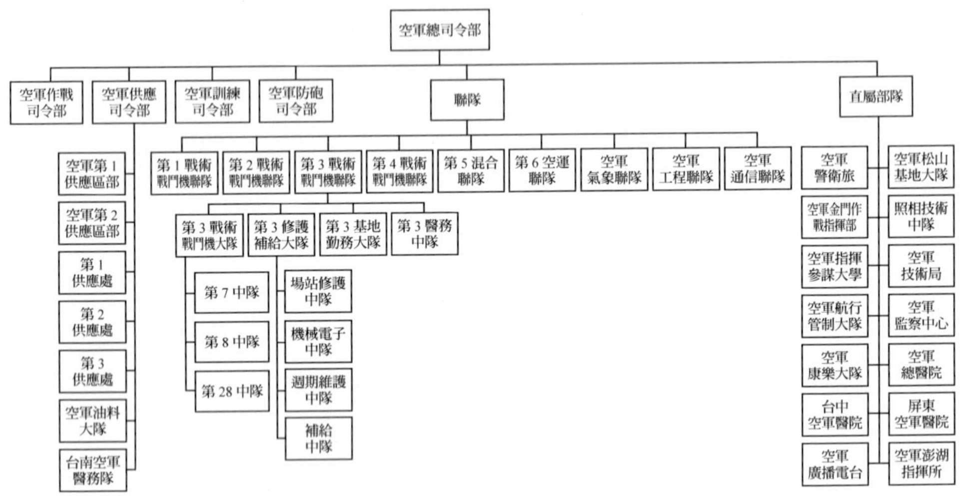


資料來源：附表（二）、（二六）、（七三）、（七九）《空軍沿革史》，1962（民51）年度（臺北：空軍總司令部情報署），頁4、39~40、134。

# 後勤與維修

後勤與維修支援體系，由空軍供應司令部指揮整備，下轄第 1、2 供應區部、第 1、2、3 供應處、油料大隊等；作戰聯隊之部隊後勤則由第 3 修護補給大隊負責，下轄場站修護、軍械電子、週期維護、補給中隊等，其中「空電四系統」修維護能量由軍械電子中隊負責籌建。（1962（民 51）年空軍組織系統如表 4、空軍第 1 後勤指揮部組織系統如表 5）

表 5・ 空軍第 1 後勤指揮部組織系統表

- 空軍第一後勤指揮部
  - 總工程室
  - 補給部
  - 修護部
    - 飛機修理廠
      - 第一生產課
      - 第二生產課
      - 第三生產課
      - 機塢修理課
      - 結構修理課
      - 一般修理課
    - 附件修理廠
      - 儀表修理課
        - 電氣儀表修理股
        - 普通儀表修理股
        - 陀螺儀表修理股
        - 電子儀表修理股
      - 附件修理課
        - 儀器修理股
        - 軟管修理股
        - 油箱修理股
      - 電氣修理課
        - 空軍電氣修理股
        - 地面電氣修理股
    - 配造廠
      - 地面支援裝備課
      - 配造修理課
      - 塑膠及木果工油縫課
      - 白鐵課
        - 尾管及副油箱修理股
        - 翼面修理股
        - 白鐵另件修理股
    - 空軍通信電子及軍械修理廠
      - 軍械修理課
      - 三五快砲系統修理課
      - 空軍通信電子修理課
      - 飛彈導引組修理課
      - 射控系統修理課
    - 試裝廠
      - 檢驗課
        - 量具校驗股
        - 週率校驗股
        - 抗阻及電表校驗股
      - 修理課
        - 特種電子試驗裝備修理股
        - 通信電子試驗裝備修理股
        - 精密裝備修理股
        - 電子及機械裝備修理股
      - 管制及游接課
        - 裝配及工作支配股
        - 裝配接配股
        - 游動修理股
        - 標準及檢驗裝備維修股
  - 生產管理室
  - 品質管制處
  - 地面通信電子工程處
  - 政治作戰室

資料來源：組織遞嬗，《空軍第一後勤指揮部沿革史》，1962（民 51）年度（屏東：空軍第一後勤指揮部署）。

## 後勤維修能量之籌建

後勤支援與維修能量是戰力的根基，依修護 O/I/D 階層專業畫分為滿足機隊戰備支援運作，後勤宜逐次建構維修制度與能量方能建立持續戰力之發揮。

## 機體結構與擇要檢修能量

為滿足機體結構與機身D階段檢測需求，1960（民49）年7月20日王繼堯上尉駕F-104B型4101號機實施單飛，落地後衝出跑道，飛機重損，當下屏東空軍第1供應區部受令籌建結構修理能量，在諸多限制因素逐一克服後歷時647日，終在1962（民51）年8月4日完修出站，飛機歸建部隊使用。

1961（民51）年1月16日，在第1供應區部修護部下，成立試驗裝備廠，專司試驗裝備之修理與校驗。[145]

1963（民53）年第1供應區部受令參據美空軍AFR-66-1修護制度先期完成生管、品保管制檢驗系統之建立，進而逐次完成飛機擇要檢修（IRAN）工廠階段檢修能量，[146]並完成加裝拖靶能量與SIF敵我識別器翻修能量，及技令譯印，分發部隊使用。[147]

---

145.《第1供應區部51年度沿革史》（1961（民50）年7月1日至1962（民51）年6月30日），頁2。

146.《空軍沿革史》2冊，51年度（1961（民50）年7月1日至1962（民51）年6月30日）（臺北：空軍總司令部情報署，1970（民59）年1月），頁452-453、513、516、566。

147.《空軍沿革史》2冊，52年度（1962（民51）年7月1日至1963（民52）年6月30日）（臺北：空軍總司令部情報署，1970（民59）年1月），頁580、608。

## J-79 發動機與附件翻修能量

1961（民 50）年 6 月，空軍第 1 供應處（楊茲麒上校）啟動籌建 F-104 機渦輪發動機翻修能量。[148]

1962（民 51）年，美軍顧問團在臺南機場修補大隊，設立一個噴射飛機修理的訓練單位，召訓後勤第 1 供應區部、第 1 供應處飛機修理廠人員，建立噴射機維修工作與翻修能量。第 1 供應處接續派遣發動機專業 5 員（檢驗科科長呂維鈞中校）赴美，至賓州（Pennsylvania）米德爾敦市（Middletown）美軍供應區部（AMA）、俄亥俄州（Ohio）埃汶代爾（Evendale）奇異（GE）公司發動機製造廠、俄克拉荷馬州（Oklahoma）發動機混合區部等處見學，返臺後，美軍接續派遣 GE 公司 Evendale 發動機製造廠 7 名技術顧問，協助空軍後勤單位建立生產管制、品管檢驗等制度。[149]

1965（民 54）年 6 月 1 日，空軍第 1 供應區部增編 J-79 發動機修理科並改編噴射發動機修理工廠，並逐次增設計畫室及飛彈補給課人員；[150]8 月 1 日，編制配合減編飛行官 3 員，

148.〈六 . 重要興革事蹟〉，《空軍第 1 供應處歷史》，1961（民 50）年 7 月 1 日 ~1962（民 51）年 6 月 30 日。

149. 宋凌璵訪談，〈呂維鈞口述歷史〉，岡山：自宅，2007（民 96）年 2 月 12 日。

150.〈八 . 可資紀念重要事蹟〉，《空軍第 1 供應處歷史》，1964（民 53）年 7 月 1 日 ~1965（民 54）年 6 月 30 日。

第 3 大隊減編 318 員，增加政戰官 1 員。[151]

1966（民 55）年第 1 供應處完成 J-79 廠房設施，展開發動機翻修工作。[152] 經兩年的籌劃，供應司令部於 1967（民 56）年 7 月 1 日完成 J-79 廠修能量，8 月 3 日第 1 供應處修妥第 1 具 J-79-11 型發動機，並完成試車能量。[153]

1968（民 57）年 1 月起，空軍後勤單位全面推行「無缺點計畫」，各單位根據工作重點及缺點原因分析、制訂工作衡量標準項目，進行嚴格管制，預防人為缺點之發生。4 月 3 日美 GE 公司技術專家 4 人來臺協助指導，解決 J-79 發動機翻修技術有關滑油槽壓力高的問題。[154]

1969（民 58）至 1976（民 65）年越戰期間，與美軍簽訂修護合約，我方工廠負責修復，美方負責供應機器及零件、派員駐廠技術指導及支付勞力工資等費用，大幅精進空軍後勤修護制度、技術與能量。[155]

---

151.《空軍沿革史》53 年至 56 年度（1964（民 53）年 7 月 1 日至 1967（民 56）年 6 月 30 日）（臺北：空軍總司令部情報署），頁 27-29、119。

152.《空軍沿革史》53 年至 56 年度（1964（民 53）年 7 月 1 日至 1967（民 56）年 6 月 30 日）（臺北：空軍總司令部情報署），頁 345。

153.《空軍沿革史》第 5 冊 57 年度（1967（民 56）年 7 月 1 日至 1968（民 57）年 6 月 30 日）（臺北：空軍總司令部情報署），頁 759、747。

154.《空軍第 1 供應處歷史》，1967（民 56）年 7 月 1 日 ~1968（民 57）年 6 月 30 日，頁 90。

155.〈金國偉先生口述歷史〉，屏東：空軍第 1 後勤指揮部行政室。

## 部隊自修能量（I/L）籌建

為執行 J-79 發動機性能提升、部隊週期檢查與檢修能量，1971（民 60）年起三修大受令執行 J-79GE-11A TCTO (Time Compliance Technical Orders) 修改為 J-79GE-11B 發動機，復於 1977（民 66）年起陸續邀請美軍技轉 J-79 發傳動齒輪箱、外機匣、進氣導片檢修與發動機後燃器翻修、焊接能量之籌建。[156]

1970（民 59）年 6 月 8 日 F-104G 型 4145 號機失事，原因指向金屬疲勞，根據失事原因後續執行 1042 TCTO，3 聯隊特派羅建國到美國接受 NDI 訓練。1971（民 60）年 12 月 1 日，品管室增設 NDI 編制，[157] 建立起完整的非破壞性檢查能量（以往只有葉片染色檢查能量）。NDI 能量的建立是修護政策的一個重要的里程，但仍擋不住金屬疲勞的損失，經研議後修改為 +6/-4G 之飛行操作限制。

為建立部隊軍電四系統自修能量，自 1977（民 66）年起陸續完成 F-15A 火控系校驗能量、自動飛操系侍服組合件檢視能量、LN-3 慣性導航宜快速校準能量之建立。[158]

---

156.《空軍沿革史》第 3 冊，61 年度（1971（民 60）年 7 月 1 日至 1972（民 61）年 6 月 30 日）（臺北：空軍總司令部情報署），頁 760。

157.《空軍第 1 供應處歷史》，1971（民 60）年 7 月 1 日 ~1972（民 61）年 6 月 30 日，頁 4。

158.《中華民國 69 年度空軍年鑑》，臺北：空軍總司令部，頁 22。

## 後勤維修能量之精進

1964（民 53）年 4 月 15 日，在清泉崗基地完成空軍研製的 CM-105 型傳單彈試驗；7 月 1 日，第 3 修補大隊將各中隊機務室及後勤科編成飛行線維護中隊，岡山空軍醫院航空生理室增加高空加壓衣訓練；9 月 24 日，第 2 供應區部研製完成火箭發射器 4 具。[159]

1967（民 56）年 12 月空軍第 3 聯隊研究縮短恢復戰備時限作業，增編必要之特種工具及人員。[160]

1969（民 58）年 3 月 22 日，空軍機械學校建制完成 GMTU 教學器材，[161] 進行人員擴訓。空軍基地警戒機堡興建飛機起動固定氣源電源系統，縮短飛機起動時間，增強戰備。[162] 第 1 供應處重行佈置 J-79 工場，設立拆卸站，進行一貫作業。[163]

為防禦中共空中突襲，1970（民 59）年度起構建戰術戰鬥機掩體，代號「平路計畫」1~5 號，第一期工程，清

---

159.《空軍沿革史》，53 年至 56 年度（1964（民 53）年 7 月 1 日至 1967（民 56）年 6 月 30 日）（臺北：空軍總司令部情報署），頁 322、390、391。

160.《空軍沿革史》第 5 冊，57 年度（1967（民 56）年 7 月 1 日至 1968（民 57）年 6 月 30 日）（臺北：空軍總司令部情報署），頁 275。

161.《空軍沿革史》第 3 冊，58 年度（1968（民 57）年 7 月 1 日至 1969（民 58）年 6 月 30 日）（臺北：空軍總司令部情報署），頁 833。

162.《空軍沿革史》第 3 冊，60 年度（1970（民 59）年 7 月 1 日至 1971（民 60）年 6 月 30 日）（臺北：空軍總司令部情報署），頁 672。

163.《空軍第 1 供應處歷史》，1968（民 57）年 7 月 1 日 ~1969（民 58）年 6 月 30 日。

泉崗基地30座，[164] 及美軍贈予鋼拱掩體2座，於1972（民61）年12月完工。[165]

因應F-104型機轉場拖曳支援，1970（民59）年度4聯隊完成拖桿頭改製。[166]

1971（民60）年建立電子系統自修能量。[167]

1971（民60）年4月開始，針對前後緣襟翼馬達裝置螺孔執行的1042TOC、發展成為全面性的機翼主樑裝置座（H BOX）、輪艙門絞練等非破壞性結構檢查。[168]

因應軍援改由國款支應，1973（民62）年9月27日建立AIM-9B/E飛彈導引組自修能量。[169] 第3聯隊精進修護制度措施有：雙座飛機之故障管制、飛機重複故障實施管制、第2供應區部籌建完成機翼翻修能量。[170]

1973（民62）年12月10日由於TF-104G型4144號

---

164.《空軍沿革史》第3冊，60年度（1970（民59）年7月1日至1971（民60）年6月30日）（臺北：空軍總司令部情報署），頁667-668。

165.《空軍沿革史》第3冊，62年度（1972（民61）年7月1日至1973（民62）年6月30日）（臺北：空軍總司令部情報署），頁633。

166.《空軍沿革史》第3冊，60年度（1970（民59）年7月1日至1971（民60）年6月30日）（臺北：空軍總司令部情報署），頁696。

167. 空軍總司令部情報署，《空軍戡亂戰史》第24冊，臺北：1977（民66）年，頁56~57。

168. 何堅生口述，臺中：自宅，2013（民102）年2月25日。

169.《空軍沿革史》第3冊，62年度（1972（民61）年7月1日至1973（民62）年6月30日）（臺北：空軍總司令部情報署），頁635-636。

170.《空軍沿革史》第3冊，63年度（1973（民62年7月1日至1974（民63）年6月30日）（臺北：空軍總司令部情報署），頁752、753。

機失事，研判可能為油門鋼繩折斷而進行所有飛機全面更換油門鋼繩，繼之又發現有飛機的機背飛行操縱鋼繩斷裂而全面更換操縱鋼繩。

1974（民 63）年 2 月 1 日，供應司令部建立附件修護能量自動化管理系統，[171] 第 3 聯隊自行研修完成 J-79 後燃器、軍電超階段修護；[172]8 月 5 日空軍研究修改的飛彈發射系統成功，全部飛機進行修改。[173]

1974（民 63）年度技術研究計完成：J-79 發動機渦輪機匣更換裝置點型架、F-104A/B 型機飛機配重、F-15 雷達發射機過荷繼電器組試驗器、F-14G 機剎車防滑馬達等研製。[174]

1975（民 64）年，第 1 供應處建立 J-79 發動機葉片珠擊能量，[175]F-104 機完成 UHF 改裝，[176] 研製可裝 LUU-2B

---

171.《空軍第 1 供應處歷史》，1973（民 62）年 7 月 1 日 ~1974（民 63）年 6 月 30 日，頁 40。

172.《空軍沿革史》第 3 冊，64 年度（1974（民 63）年 7 月 1 日至 1975（民 64）年 6 月 30 日）（臺北：空軍總司令部情報署），頁 641-642。

173.《空軍沿革史》第 3 冊，65 年度（1975（民 64）年 7 月 1 日至 1976（民 65）年 6 月 30 日）（臺北：空軍總司令部情報署），頁 832。

174.《中華民國 64 年度空軍年鑑》，臺北：空軍總司令部，頁 29~31。

175.《空軍第 1 供應處歷史》，1974（民 63）年 7 月 1 日 ~1975（民 64）年 6 月 30 日，頁 26。

176.《空軍沿革史》第 3 冊，66 年度（1976（民 65）年 7 月 1 日至 1977（民 66）年 6 月 30 日）（臺北：空軍總司令部情報署），頁 858。

照明彈 *16 枚，具備夜間照明搜索能力；[177]4304 號機左主起落架連桿斷裂，實施進場端攔截事件後，F-104 機起落架拐臂螢光檢查由 100 小時改為 50 小時，並加強落地後的目視檢查，只要有懷疑就拆下送工場螢光檢查。[178]

1976（民 65）年度技術研究計完成：F-104 剎車片鉚合鋼模、F-104G 型飛機飛行姿態指示訊號試驗器之研製。[179]

1977（民 66）年度技術研究計完成：F-104G 模擬機緊急程序訓練操作台之研改、F-104 機加裝 F-15A 火力控制系 5 哩 B 型顯示器、F-104D 機裝用 J-79-11 發動機之研究。[180]

1977（民 66）年 5 月 9 日，邀請美國 GE 公司凱利（Kelly）來臺，召集各噴射機基地人員 19 員，實施焊接訓練；7 月 1 日，空軍供應司令部改變為空軍後勤司令部，空軍第 1 供應處改名為第 1 後勤支援處；[181]7 月 25 日賽洛瑪颱風襲臺，第 1 後勤指揮部受損慘重，棚廠、屋頂鐵皮、牆壁四周鋼樑結構及大門上附著木板，全被強風吹走，生活及維修工作，迫

177. 空軍總司令部情報署，《空軍戡亂戰史》第 28 冊，臺北：1977 年，頁 154。

178. 何堅生口述，臺中：自宅，2013（民 102）年 2 月 23 日。

179.《中華民國 65 年度空軍年鑑》，臺北：空軍總司令部，頁 36~37。

180.《中華民國 66 年度空軍年鑑》，臺北：空軍總司令部，頁 44~45。

181.《空軍第 1 供應處歷史》，1976（民 65）年 7 月 1 日 ~1977（民 66）年 6 月 30 日，頁 7、45。

在露天進行，環境條件不佳，在全體工作人員的努力下，方恢復正常作業；[182] 為確保業管的修護品質，空勤機械官張金全上尉 [183] 於試飛時，可以用「不繫安全帶」作賭注，表明其負責盡職的態度，令人感佩。[184] 同年 F-104G 型機更換機翼，而後發展完成 3,000 小時「延壽計畫」。

1978（民 67）年度技術研究計完成：J-79 發動機噴口致動器試驗器、F-104 型機中線派龍效能試驗器之研製。[185]

1978（民 67）年，第 3 修補大隊軍電中隊梁新明少校研製出 F-104 型機伺服器試驗器，供部隊修護使用。[186]

1979（民 68）年度技術研究計完成：F-104G 型機飛行操縱系統侍服器組合件試驗器、LN-3 慣性導航儀快速校準控制箱試驗器、PHI 位置歸航儀計算器卡片組合件試驗器（3 聯隊）、J-79 傳動齒輪箱軸承支應架工型架、J-79 壓縮器定子活動葉片軸孔鏽蝕修孔刀具、J-79 燃外機匣螺孔修理鑽孔型架、J-79 進氣導片中心鑽孔型架（後勤部）之

182. 張杰元口述，鳳山：東大藝文中心，2016（民 105）年 2 月 28 日。
183. 張金全，幼 12 期、機校 38 期畢業，1977（民 66）年任職第 1 後勤指揮部試飛維護官。
184. 張金全口述，屏東：自宅，2013（民 102）年 6 月 15 日。
185.《中華民國 67 年度空軍年鑑》，臺北：空軍總司令部，頁 18~20。
186. 1974（民 63）年梅雨季，軍隊中隊梁新明上尉第 1 次當班，執行更換液壓伺服器的工作，使用 UG-1000A3 試驗器，經一整夜跑帶子的折騰，不知結果，梁員下定決心：必須研製出檢試裝備來簡化工作；1978（民 67）年終於完成 F-104 型機伺服器試驗器的研製工作，供部隊修護使用，1979 年更獲得國軍英雄的殊榮，接受表揚。

研製。[187]

1980（民 69）年度技術研究計完成：修配 KA-94 高空六號機光學組合件。[188]

## 偵照戰力維繫

偵照戰力為戰場情蒐掌握之直接手段，為臺灣空防重要的一環，所獲情資對敵情判斷、掌握，極具參考價值，由第 12 戰術偵察機隊及照相技術隊組成。

1964（民 53）年 2 月起第 12 隊採用 KS-67A 相機，係置於鼻輪艙後方的機砲莢艙中，依任務規劃可採用 3 吋、6 吋或 12 吋鏡頭，並依天氣預報起飛前完成安裝紅色或黃色的濾光鏡，以獲得好的偵照效果。

隨著美國在衛星科技上的進步，以及考慮載人偵察機所帶來的政治風險，1972（民 61）年時美方正式知會我國，停止黑貓中隊的大陸偵照任務；[189] 第 12 戰術偵察機隊成為我國唯一的空中偵察照相兵力與情報來源，任務極為吃重。

RF-104G 偵照機執行偵照任務時，由於執行手段及兵

187.《中華民國 68 年度空軍年鑑》，臺北：空軍總司令部，頁 17~22。

188.《中華民國 69 年度空軍年鑑》，臺北：空軍總司令部，頁 22。

189. 修改自：http://blog.xuite.net/qcypsmslrzbt/blog/56677250- 中華民國空軍偵照機隊

力運用為中共監偵單位掌握，只要偵照機一起飛，中共空軍就會立即反應，因此懷疑我部隊有洩密人員，祖凌雲與黃東榮更聯手進行飛測，當發現所有能做英麥曼投擲核子武器的戰機 CDP 線路被剪斷，疑慮更為升高，因為除非飛機加速至 T2 重定位後，發動機會發生熄火現象，否則不會發現飛機異常，因此要求 200 小時大檢試飛時，必須加速至T2重定位方可，[190] 並將「秦孟份子」[191] 列為偵察重點。[192]

1973（民 62）年 5 月 17 日至 1974（民 63）年 4 月 30 日，RF-104G 型偵照機換裝 KS-125 高低空掃瞄相機莢艙（配置 7 架），[193]KA-94A 高空型相機適用於 2 萬呎以上、可左右掃瞄共 120° 涵蓋之兵要目標進行空照，底片寬 5 吋、長 2000 呎；KA-97A 型低空型相機適用於 3,000 呎以下、可左右掃瞄共 180° 涵蓋之兵要目標進行空照，底片寬 70 釐米、長 3,000 呎。

1976（民 65）年發現 KA-94A 高空相機受潮，光學鏡面受蝕，致照片模糊，無法達成任務需求，1976（民 65）年 2 月 1 日至 8 月 20 日，由中山科學研究院進行光學鏡

190. 黃慶營口述，臺北：自宅，2013（民 102）年 11 月 7 日。
191. 曾經為中共所俘擄過的人員。
192. 曾經為中共所俘擄過的人員。
193. 張行達口述，臺北：火車站，2013（民 102）年 6 月 14 日。

面重鍍處理，始恢復偵照作業。[194]

1977(民 66)年 3 月 2 日及 5 月 2 日發生兩起重大失事，致使 3 架 RF-104G 型偵察機全毀、3 名飛行員殉職，第 12 隊僅剩下 4 架偵察機進行運作，飛行人員依賴 T-33 型機補足飛行訓練之需求。[195]

1979（民 68）年，第 1 後勤指揮部完成 KA-94 高空六號相機光學組合件修配。[196]

1981（民 70）年換裝 ITEK 公司（Litton）PC-201 長焦距傾斜掃描式相機（Long Range Oblique Photography , LOROP）焦距長 72 吋，代號「始安計畫」，可在超音速、60,000 呎高度以下執行遠距離偵照任務，有效攝影距離依飛行高度有所影響，約 10~75 浬內影像供判讀為最佳，相機快門開啟時間依照掃描角度而定，由相機前端之候爾開關（Hall Switch）控制，照片間隔，由 J-79 發動機提供壓縮氣體驅動，底片沒有卡片問題，偵照機無須冒險進入目標區，大幅提升對大陸進行戰術偵察能力。

PC-201 始安相機 72 吋的鏡頭採取 3 段反射，第 1 段

194.《空軍第 12 戰術偵察機隊隊史館落成紀念冊》，1987（民 76）年 5 月 1 日。

195. 周振雲口述，2013（民 102）年 7 月 21 日，臺北：航空研究學會。

196.《第 1 後勤支援處歷史》（1979（民 68）年 7 月 1 日至 1980（民 69）年 6 月 30 日），頁 14。

將目標景物以 90 度反射式與飛機軸線同向的相機鏡頭中，鏡頭內為 2 段反射式，總焦距為 72 吋，原來的 F-104G 機鼻無法容納，需要特製一加長型的鼻錐（整流罩），因此無雷達、機砲與飛彈等裝備，2 具始安相機價值 5 億台幣。

1983（民 72）年 7 月 1 日飛行及維修人員[197] 赴美接受有關 LOROP 相機訓練；8 月 1 日改番號為空軍第 12 戰術偵察機隊（獨立隊），同時桃園基地進行跑道整修；9 月 16 日第 12 隊移防清泉崗基地換裝；10 月 2 日 2 具 LOROP 長焦距相機抵臺灣開箱後，進行飛機原雷達鼻錐與相關雷達周邊拆除及相機安裝測試工作；11 月 1 日第一具試飛試照，由美國洛克希德廠 SR-71 試飛員 Bob Gilliland 執行，[198] 共計 16 架次。1984（民 73）年 6 月第二具試飛試照由種子教官執行，共計 10 架次；8 月 11 日完成試飛試照並即執行本島及大陸偵照任務，戰力大為提升；11 月 14 日返防桃園。

始安相機換裝後，不必再冒高風險飛入中國大陸內陸，沿臺海中線飛行，即可獲得沿海內陸地區的照相情報，解析度達公寸級，效果顯著。任務以兩機為一組，搭配 1 架

197. 飛行員：沈海亭、梁玉飛；修護人員：王緯、陳以昌、陳偉清、曹官棟。
198. 張行達口述，臺北：火車站，2013（民 102）年 6 月 14 日。

裝置KA-94A高空相機的RF-104G型偵照機進行偵照任務，另由空軍作戰司令部派遣空中兵力執行隨伴掩護及區域掩護，此時為12隊執行偵照任務的黃金期。

1985（民74）年4月15日發現兩具LOROP長焦距相機受潮故障，然而後勤維修並未建立；7月5日送美檢修，但年度內未編列經費，因此延宕2年無法執行偵察任務。1986（民75）年10月25日派遣維修人員王緯、曹官棟、陳篤文赴美受訓14週。相機維修期間（為期2年），第12隊為解決相機受潮問題；12月6日起，執行始安工廠保持濕度55±5°、溫度20±1℃之環境控制整建工程，加隔緩衝間（150個日曆天完成），[199]並改裝M1掛彈車為空調車，解決戶外相機停機待命問題。

1986（民75）年相機修復後，第12隊恢復戰備。

1988（民77）年4392、5663號機失事，撥補4378號機維持第12隊戰力。另於1990（民79）至1993（民82）年所有裝備KS-125莢艙相機之偵照機均已失事，在照相艙器材僅剩1套下，遂改裝4375號機為KS-125莢艙相機之偵照機。[200]

---

199.《空軍第12戰術偵察機隊隊史館落成紀念冊》，1987（民76）年5月1日。

200. 陳篤文口述，2013（民102）年6月11日，花蓮：401聯隊12隊作戰室。

1989（民 78）年眼見相機維修合約即將到期，1990（民 79）年 5 月，乃尋求並獲得工業技術研究院的支援，於 11 月 1 日起，運用自強基金，自力研發 LOROP 相機控制電路板，代號「尖山計畫」，至 1991（民 80）年 2 月 25 日完成研製，控制電路板不再依賴美軍後勤維修。[201]

針對 12 中隊之 RF-104 機失事率高於其他中隊的原因檢討：1. 聯隊修護重心著重在 F-86 及 F-5E 機上，專業人員與督導不足。2. 任務失事率高，減輕了非專業性任務疏失的督導。3. 因照相隊的相機維修中隊在桃園，而將 RF-104 部隊留在桃園，是人為的因素，否則失事的隱藏原因，可以消除而未行動。

1992（民 81）年聯訓部主任唐飛上將提出「單一機種統一維修」的政策，第 12 隊於 9 月 30 日移駐新竹基地，由於新竹基地無環控之飛機棚廠，因此相機維修分隊仍駐桃園，雖然偵照機妥善率得到改善，[202] 但亦增加了執行任務上的困擾，任務機必須兩地奔波，機務整備費力費時，自此偵照任務大幅減低。1994（民 83）年 3 月 12 日，第 12 隊改隸第 2 聯隊，與第 11 大隊共用飛機，保持飛行訓練要求。

---

201. 陳篤文口述，2013（民 102）年 6 月 11 日，花蓮：401 聯隊 12 隊作戰室。

202. 張復一，〈差一點的海峽最後空戰〉，《始安天南地北的玩耍天地》，2010（民 99）年 6 月 1 日。

空軍第12戰術偵察機隊的任務特殊，自1964（民53）年起使用RF-104G機擔負偵照任務，平均每月1~2次，且經常要冒生命危險突入大陸沿海地區執行任務。直至1985（民74）年4月，奉國防部命令停止所有進入大陸領空的飛行任務；1998（民87）年5月8日4196號機完成最後一批飛行任務止，時間長達34年，偵照成果具有歷史貢獻。同時飛行員憑藉F-104型機的高速性能及戰術運用，雖經多次共軍米格機的攔截，但從未在執行任務中遭受重大戰損，更為難得。

# 星安計畫

1988（民 77）年 F-104G 機失事高達 7 架，大隊長傅忠毅上校發現 F-104 型機老化問題，即命訓練官葛凱光上尉研擬分析「延壽計畫」專題呈報聯隊。[203]

1990（民 79）年失事達 7 架之多，12 月 5 日 F-104J 型 4511 號機（楊士菁上尉駕駛）發生空中解體事件，更發現發動機附件齒輪盒損害及零附件規格不一等問題，同時為解決等待換裝二代機的戰力空隙，於是擬定 4,000 小時「延壽計畫」(星安計畫)。年底空軍決定在清泉崗基地舉行軍事記者會，由第 427 聯隊修補大隊工作負荷室主任吳家麒少校進行簡報，正式對外宣告自 1991（民 80）年 4 月 11 日「延壽計畫」正式啟動，每架維修工時長達 24,000 小時，空軍第 1 後勤指揮部負責檢整並試飛，完成後，操作限速降低至 1.4 馬赫及操作 G 限降低至 4G，並在機身加漆「價值台幣 5146 萬，來之不易，當心使用維護」的紅色字樣作為警示 ( 如圖 21)。( 我遷臺使用之 P-47

203. 傅忠毅口述，臺中潭子：自宅，2013（民 102）年 6 月 27 日。

型機亦曾用類似警語）[204]

圖 21・機身上加漆「價值台幣 5146 萬，來之不易，當心使用維護」

1991（民 80）年 7、9、10 月部隊連續發生 4 起重大失事事件，空軍決定實施「天安特檢」，責承副總司令孫平中將統籌，後勤部成立特檢小組，由品技處處長張春生上校領軍，成員包括技令處處長劉泰良上校等，項目有飛操調校、發動機特檢等，427 聯隊完工試飛由試飛官陳福水少校 / 孫平中將執行；499 聯隊完工試飛由柯濠少校 / 孫平中將執行。

1992（民 81）年 6 月 1 日，發生 F-104G 型 4312 號

---

204. 唐飛口述，新北市林口：中華戰史文獻學會，2020（民 109）年 2 月 10 日。

機失事，空軍決定延攬發動機 GE 原廠設計工程師拉曲皮爾（HV LaC Hafflle）來臺講解 J-79 發動機失事調查。[205] 調查後決定進一步進行天安特檢，包括軍電四系統（通信、導航、雷達、飛操）、線束及結構擇要檢修 (IRAN)，此時訓練任務更形縮減。

此時 F-104 型機備料已無新件，必須依賴拆拼來維修，在多方考量下，尚未釐清失事的真正原因時，即執行特檢，由於方向不定，累積特檢項目越來越多，後勤人員工作異常辛苦。

1993（民 82）年 3 月 4 日，RF-104G 型 4399 號機失事，總司令決定更進一步停飛所有的 F-104 型機執行一次徹底的「F-104 復飛整備計畫」，並向美國購買 High PAD 線束檢整儀器，運用高電壓低電流將不良的線路燒毀的手段，澈底執行 F-104 機線束檢整，將狀況較差的 F-104 機分批汰除，其餘飛機區分為結構、發動機、線束及火控 4 個項目進行大幅度翻修，線束全部更新。部隊除必要執行的飛訓任務外，儘可能減低飛行訓練以延續戰力。3 月 18 日，第 499 聯隊第 12 隊趙先覺中校特率領所有隊員，赴第 1 後勤支援處參觀 J-79 發動機翻修情況。

205.《第 1 後勤支援處歷史》（1984（民 73）年 7 月 1 日至 1985 年 6 月 30 日），頁 56。

空軍總部考量空軍IDF第一個中隊(第8中隊)換裝完成，年底擔負戰備，4月4日緊急召開會議，即決議F-104型機提前汰除。[206]4月13日後勤部下令第1後勤指揮部檢整飛機16架，第1後勤支援處檢整發動機23具，[207]供後續使用。

F-104型機部隊停止接收新進飛行員進行換裝訓練，空軍官校69期以後飛行人員，分派至各作戰部隊見習，等待新機換裝。[208]F-104型機線束完成檢整後，始恢復往日容光，妥善率大幅提高。此時，第3大隊所有雙座機交第11大隊及第12隊使用，[209]結束長達33年的駕馭歲月，汰除機供拆零使用。

這段期間第499聯隊負荷及壓力最重，不但要執行幻象戰機換訓人員的語文訓練，[210]空防任務無法縮減，同時桃園基地進行跑道整修，兵力移駐新竹基地，僅有半兵力維繫部隊運作，士氣激勵成為各級領導者的挑戰，[211]聯隊成員努力維持碩果僅存的戰力，竭盡心力，實功不可沒；直至

206. 電召第3修補大隊修管科科長梁新明與會。
207.《第1後勤支援處歷史》(1993(民82)年7月1日至1994(民83)年6月30日)，頁30、87。
208. 傅慰孤口述，新竹：自宅，2013(民102)年6月19日。
209. 宋孝先，〈後F-104時期的飛行員〉，《歷史月刊》，2006(民95)年5月號。
210. 當時空軍新竹基地的語文教室及教材係依賴新竹的十大名人捐款籌建完成。
211. 蔡維綱口述，臺中：自宅，2013(民102)年6月20日。

1998（民87）年5月22日，第12隊RF-104G型機除役止，[212] 第499聯隊總計使用15年。

## 無延壽計畫的因應措施

F-104型機自軍援服役，相關單位一直沒有對於該機型應服役多少年或未來何種機型應接替等問題，進行縝密的考量及計畫。例如：發動機故障，而修護人員僅能就發動機不斷的翻修，但實際上發動機已超過裝備使用「極限」，也因此直接及間接的肇生了發動機失效的危險或飛機失事事件。

無延壽計畫的相應措施，如1978（民67）年出現戰力空窗，第3大隊僅剩4147、4149號2架雙座機擔負訓練任務，逐步拉大與單座機機體時間，當到達3,000小時壽期前，為維持訓練能量必須增長TF-104G使用時限，特聘請美國洛廠評估小組來臺鑑定，針對飛機龍骨、機翼結構進行加強，始增長壽期至4,000小時。[213]

為增進噴射發動機及其附件翻修品質，第1後勤支援處首先針對傳動齒輪箱實施翻修標準件作法，以求品質標準一致，並定期召開全軍各型噴射發動機修護技術研討會，

---

212. 孫平口述，林口：自宅，2013（民102）年3月23日。
213. 史濟民口述，臺中：自宅，2013（民102）年6月23日。

解決修護疑難。[214]

早年為彌補 F-104 飛機戰機數量不足問題，大隊編配 2 架 T-33 機，供飛行人員維持儀器飛行及天干、雷測等任務（訓練時使用）。[215]

為達到「自立自強」目標，發展自修能量，1979（民 68）年，第 1 後勤支援處籌建發動機附件翻修、噴口液壓泵檢試能量，[216]1981（民 70）年完成噴口面積控制器翻修能量。[217]

1982（民 71）年 6 月第 1 後勤支援處進行 J-79 發動機傳動齒輪箱特檢。[218]

役期過長的 F-104 型機，線束亦發生老化現象，失事率逐漸攀高，於是第一後勤指揮部於 1984（民 73）年受令將「線束檢整」納入延壽計畫中，以聯隊修補大隊週檢中隊為主力，重新調整 200 小時週檢的流程及工作日數，將「延壽計畫」的主要工作容納於 200 小時的週檢工作卡

---

214.《第 1 後勤支援處歷史》（1978（民 67）年 7 月 1 日至 1979（民 68）年 6 月 30 日），頁 38~39。

215. 裴浙昆口述，臺中太平：自宅，2013（民 102）年 7 月 26 日。

216.《第 1 後勤支援處歷史》（1979（民 68）年 7 月 1 日至 1980（民 69）年 6 月 30 日），頁 27。

217.《第 1 後勤支援處歷史》（1980（民 69）年 7 月 1 日至 1981（民 70）年 6 月 30 日），頁 61。

218.《第 1 後勤支援處歷史》（1981（民 70）年 7 月 1 日至 1982（民 71）年 6 月 30 日），頁 84。

中，甚至部份工作加入 50、100 小時工作卡中執行。[219] 同時針對 23 架飛機 LN-3 慣性導航故障進行檢修，完工後由作戰長金乃傑少校利用空中戰鬥巡邏 CAP 執行鐘點誤差飛測。[220]

1985（民 74）年 9 月 30 日，第 1 後勤支援處完成「長安計畫」，具備附件翻修能量，接續完成 J-79 發動機渦輪機匣及壓縮器後燃器後機架之研修。[221]

1987（民 76）年研製 J-79 發動機前機架 IGV 軸承孔徑與前定子機匣可變定子葉片孔徑塞規。[222]

1990（民 79）年為精進修護管制，第 1 後勤指揮部飛修廠廠長張杰元上校成立修護管制室進行修護管制，年度內將原本落後一年進度之飛機，全數完修；針對品管處開立第 1 生產課 123 項缺點處置，親自拜訪品管處，表達感謝之意，並精選 5 員上尉修護官派赴品管處任職，化解對立。[223]

中華民國使用 F-104 型機長達 38 年有餘，而負責戰機

---

219. 何堅生口述，臺中：自宅，2013（民 102）年 2 月 23 日。

220. 梁新明口述，臺中：自宅，2014（民 102）年 1 月 15 日。

221.《第 1 後勤支援處歷史》（1985（民 74）年 7 月 1 日至 1986（民 75）年 6 月 30 日），頁 23、49。

222.《第 1 後勤支援處歷史》（1987（民 76）年 7 月 1 日至 1988（民 77）年 6 月 30 日），頁 67。

223. 張杰元口述，鳳山：東大藝文中心，2016（民 105）年 2 月 28 日。

的維修工作人員，多默默不出鋒頭，他們為了發揮空中戰力，在不同的工作崗位上，夙夜匪懈，於修護廠棚、發動機試車場徹夜執行戰機之維修檢查，他們同樣付出了青春歲月及血汗，實際上後勤人員才是 F-104 型機的幕後英雄，有道是：「空戰出英雄，後勤居首功」。（空軍 F-104 型機部隊後勤各單位主官如表 6，1962（民 51）~1986（民 75）年空軍接收軍援 / 自製 / 採購戰機數量統計如圖 22、23）

表 6· 空軍 F-104 型機後勤部隊各單位主官

| 單位主官 | 總部後勤署 | 3 修大 | 2 修大 | 供應（後勤）司令部 | 1 區（指）部 | 2 區（指）部 | 1 供（支）處 | 2 供（支）處 | 3 供（支）處 | 空機校 | 空通校 |
|---|---|---|---|---|---|---|---|---|---|---|---|
| 1958 | | | | 劉炯光 | 李永炤 | 朱國洪 | 蔡振邦 | | 蒲良梢 | 佘秉樞 | 徐仲安 |
| 1959 | | 吳佩生 | | | | | | | 韓德麟 | | |
| 1960 | | | | | | 金體坤 | | | | 胡祖興 | |
| 1961 | | | | | | | 楊茲騏 | | | | |
| 1962 | 李永昭 | 楊文治 | | 黃　彪 | 袁和 | | | | 唐磐 | | |
| 1963 | | | | | | | 李楚棋 | | | 曹起成 | |
| 1964 | | | | 陳漢章 | | 蒲良稍 | | | 侯家熙 | | 劉秉寬 |
| 1965 | | | | | | | | | 孫明琨 | | |
| 1966 | | 鍾鳴 | | | 何敏寬 | | 孫泮中 | | | | |
| 1967 | | | | 蔣紹禹 | | 李楚驥 | | | | 袁和 | 趙珊 |
| 1968 | | 陳戴華 | | 陳御風 | 羅肇域 | 賀順定 | 侯鴻昌 | | 焦偉業 | | |
| 1969 | 王國南 | | | | 焦偉業 | | | | 李文忠 | 李登梅 | 侯傑 |
| 1970 | | | 蔣舫 | 常撫生 | | 山繼濤 | | 王振玉 | | 何敏寬 | 周恂 |
| 1971 | | 林慶春 | | | 李文忠 | | | | 李國屏 | | |

| 1972 | 焦偉業 | | 傅虹 | 陳翰邦 | | | 馮光世 | | | 孫泮中 | |
|---|---|---|---|---|---|---|---|---|---|---|---|
| 1973 | | 劉逸茹 | 許向榮 | | | 李國屏 | | 王湘 | 李家文 | | 曹津生 |
| 1974 | 山繼濤 | | | | 李相華 | 馮光世 | 楊開勛 | 李國賓 | | | |
| 1975 | 李文忠 | 陳曄 | | 周石麟 | | | | 周鷹隆 | | 王寶智 | 左宗惠 |
| 1976 | 侯鴻昌 | 王暉 | | | | 屠宗海 | | 王錚 | 萬春源 | 韋天驊 | 宋嶽雲 |
| 1977 | 馮光世 | | | 汪夢泉 | 張永齡 | 許向榮 | 許向榮 | | 熊逸初 | | |
| 1978 | | 韋有鵬 | | 戚榮春 | | | 黃鴻生 | 李冠中 | | | 劉紀 |
| 1979 | | 石建育 | | | 黃鴻生 | | 單國華 | | 陳炳庸 | 陳立銳 | 李漢 |
| 1980 | 張永齡 | | | 侯鴻昌 | | 熊逸初 | | 馬位文 | | | |
| 1981 | | 鍾國誠 | | | 蔣洪 | 晁杏雨 | 杜劍青 | | 李根基 | 熊逸初 | 李文實 |
| 1982 | | | | | | | | 駱松柏 | | | |
| 1983 | 王承家 | 劉振民 | 林元文 | 周學春 | 榮光 | 羅新民 | 石建育 | 宋慎禮 | 劉宗本 | 杜劍青 | 侯光軍 |
| 1984 | 丁道祥 | | | | 管玉成 | 劉宗本 | | | 李水清 | | |
| 1985 | | 林永郎 | 韓文玉 | | | | | | | | 虞尚仁 |
| 1986 | | 盧堯焜 | | 蔣鴻彝 | 曹杰 | | | | | | |
| 1987 | | 張宏寧 | 黃康群 | 劉鴻翊 | | 李水清 | 吳劍民 | | | | 范岌熒 |
| 1988 | | | | | | 劉銘 | 林永郎 | 張中達 | 方樹聲 | 李傳賢 | |
| 1989 | 林元文 | 楊　森 | 張春生 | | 方樹聲 | | | | 楊玉富 | | 諶聰海 |
| 1990 | | | | 林世芬 | | | | 馮象華 | | | |
| 1991 | 劉銘 | 雷際華 | 秦志明 | | 林毓青 | 奚讓 | 張勝利 | | 陳福生 | 陳信雄 | |
| 1992 | 奚讓 | 張漢卿 | 戴逑傑 | 蔡春輝 | 黃康群 | 王梅閣 | | 孫慶富 | | | |
| 1993 | 王九齡 | | 李忠 | | 盧堯焜 | | | 王九齡 | | | 關杰昌 |
| 1994 | | 梁新明 | | 夏瀛洲 | | | 黃煥庭 | | 吳自雄 | | |
| 1995 | 盧堯焜 | | 沈鴻瑞 | 丁滇濱 | 王梅閣 | 張鴻文 | | | | | |
| 1996 | | 郭慶良 | | 周文沖 | | 黃煥庭 | 王宗海 | 王九齡 | 何國明 | 關杰昌 | |
| 1997 | | | 吳慶昇 | | | | | | 王宗海 | | |
| 1998 | 張勝利 | | 郝酉冬 | | 孫慶島 | 吳滬生 | | 趙偉智 | 張漢卿 | | |

資料來源：中華民國空軍各單位隊史館。

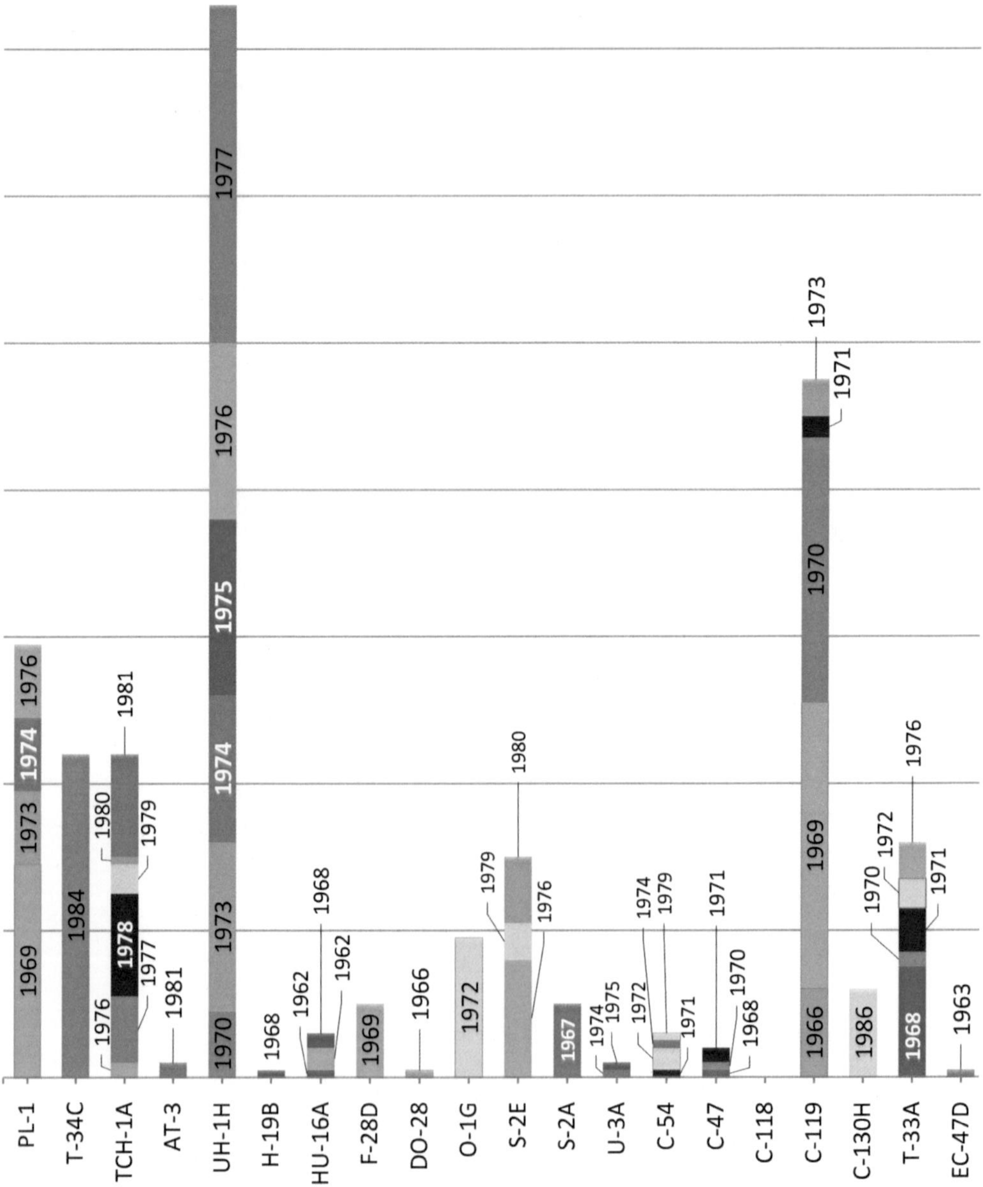

PL-1 1969 1973 1974 1976
T-34C 1984
TCH-1A 1976 1977 1978 1979 1980 1981
AT-3 1981
UH-1H 1970 1973 1974 1975 1976 1977
H-19B 1968
HU-16A 1962 1962 1968
F-28D 1969
DO-28 1966
O-1G 1972
S-2E 1976 1979 1980
S-2A 1967
U-3A 1974 1975
C-54 1972 1974 1979 1971
C-47 1968 1970 1971
C-118
C-119 1966 1969 1970 1971 1973
C-130H 1986
T-33A 1968 1970 1971 1972 1976
EC-47D 1963

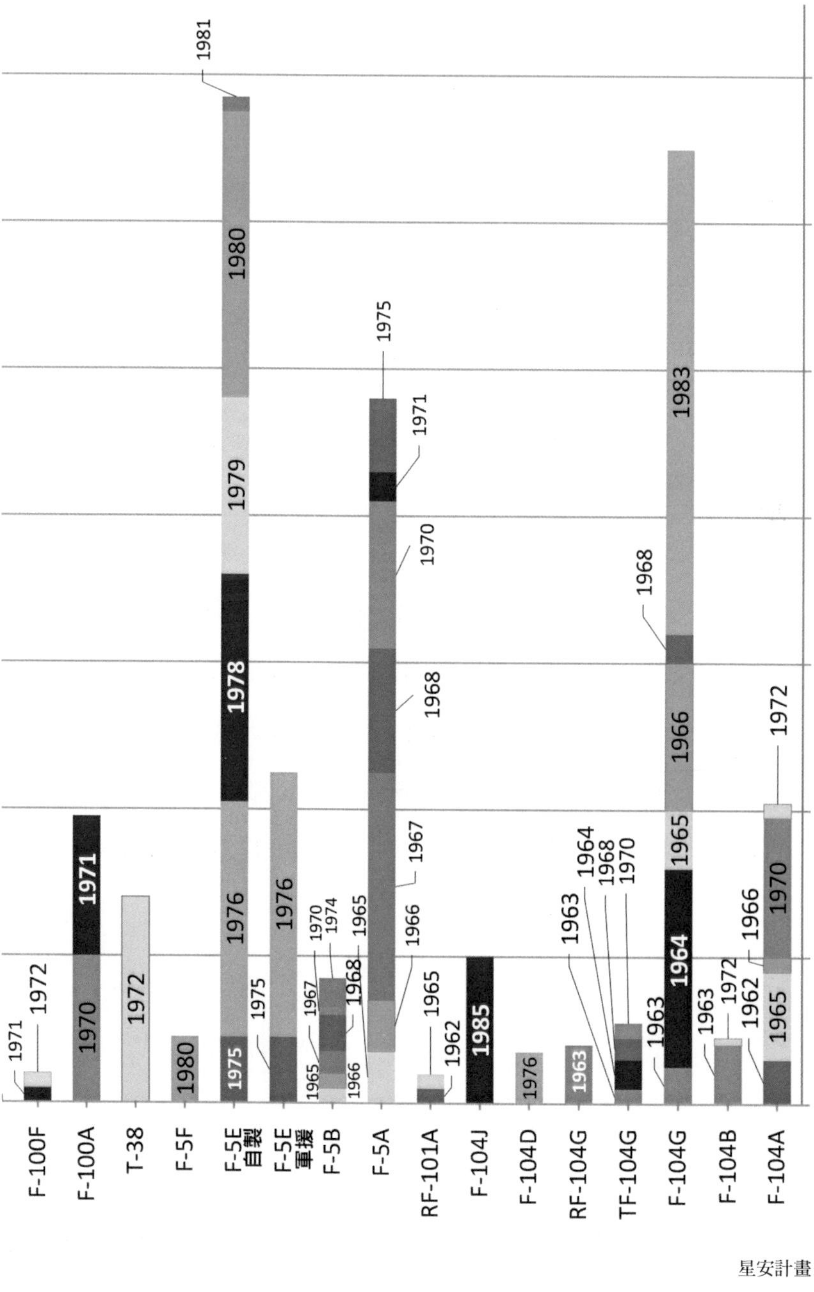

圖 22・1962~1986 年空軍接收軍援／自製／採購戰機數量（按年度統計）

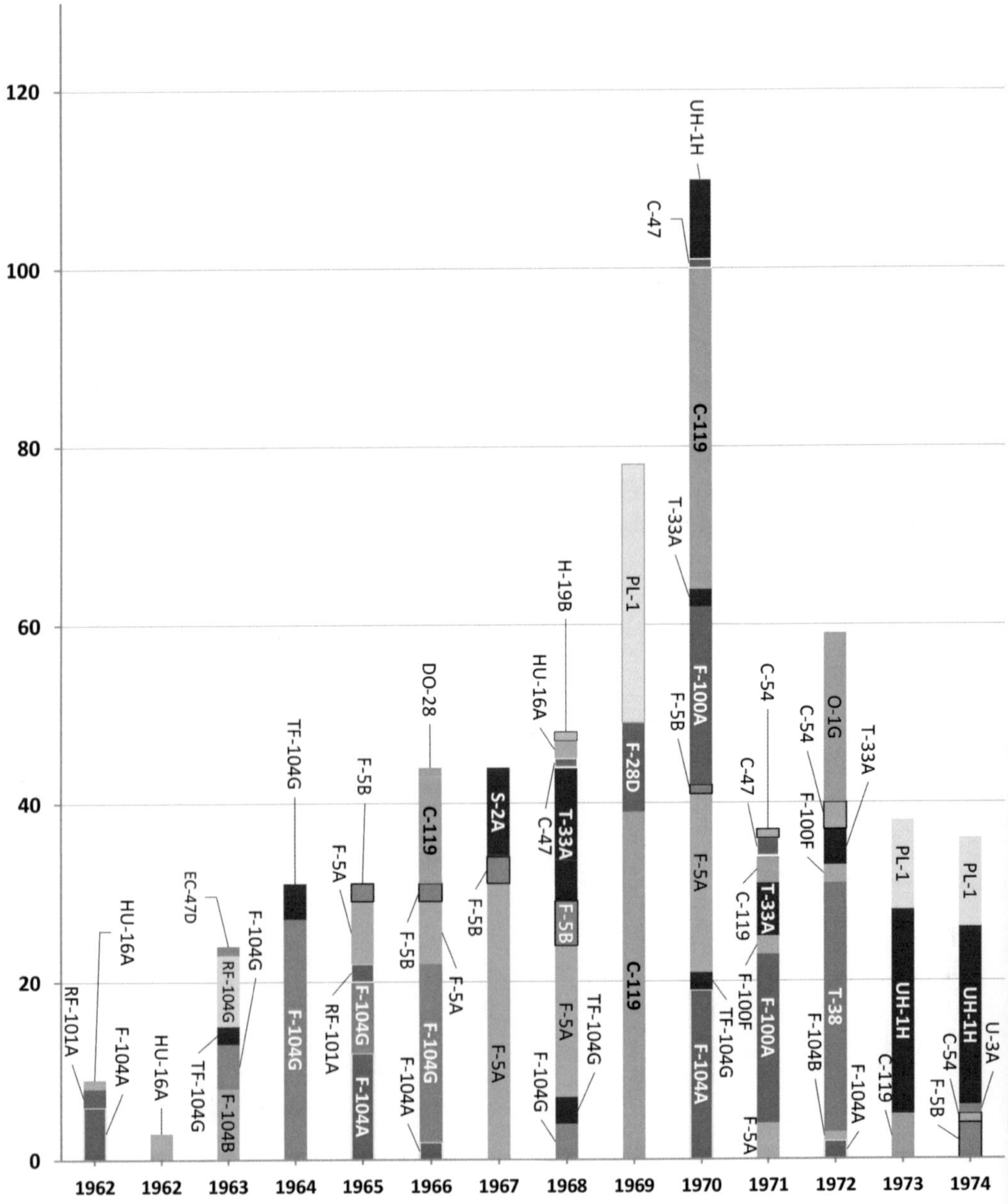

120
100
80
60
40
20
0

1962: RF-101A, HU-16A, F-104A
1962: HU-16A
1963: EC-47D, RF-104G, F-104G, TF-104G, F-104B
1964: TF-104G, F-104G
1965: F-5B, F-5A, F-104G, RF-101A, F-104A
1966: DO-28, C-119, F-5B, F-5A, F-104G, F-104A
1967: S-2A, F-5B, F-5A
1968: H-19B, HU-16A, C-47, T-33A, F-5B, F-5A, TF-104G, F-104G
1969: PL-1, F-28D, C-119
1970: UH-1H, C-47, C-119, T-33A, F-100A, F-5B, F-5A, TF-104G, F-104A
1971: C-54, C-47, C-119, T-33A, F-100F, F-100A, F-5A
1972: O-1G, C-54, T-33A, F-100F, T-38, F-104B, F-104A
1973: PL-1, UH-1H, C-119
1974: PL-1, UH-1H, U-3A, C-54, F-5B

1962 1962 1963 1964 1965 1966 1967 1968 1969 1970 1971 1972 1973 1974

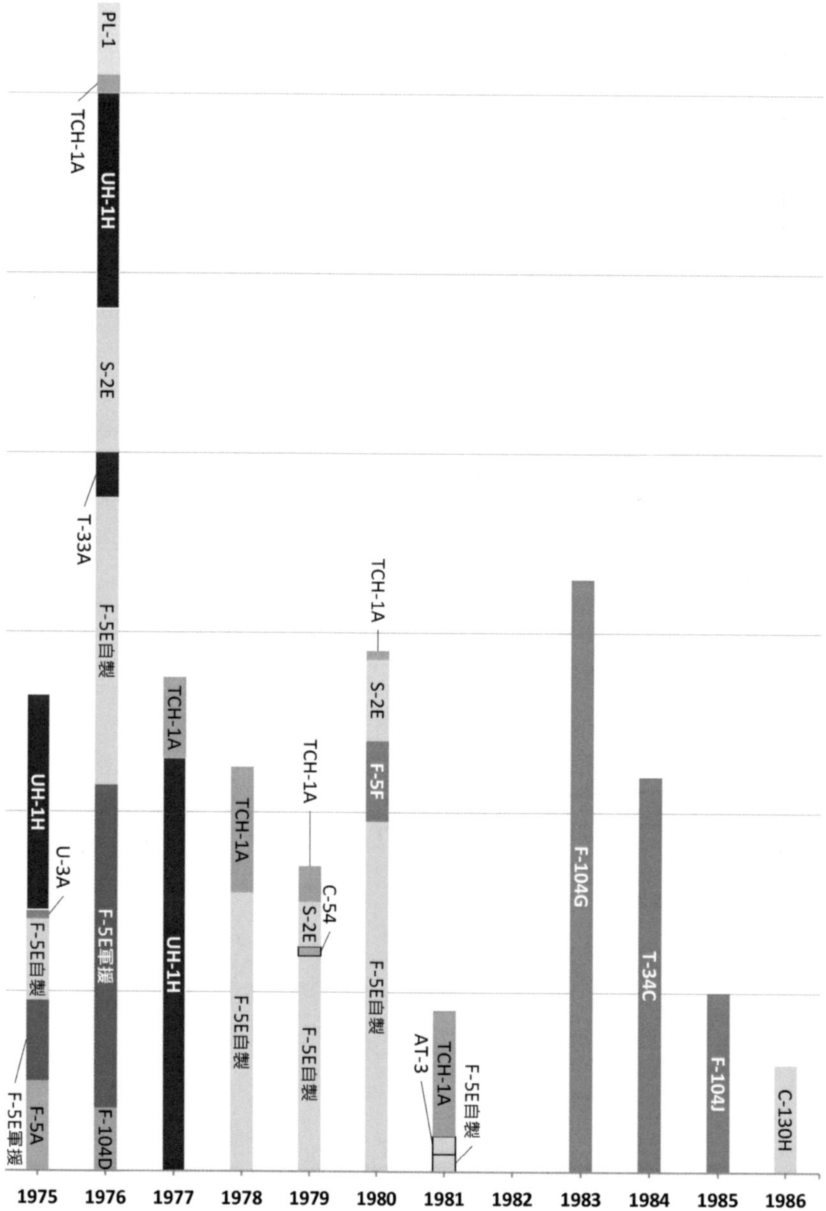

圖 23‧1962~1986 年空軍接收軍援 / 自製 / 採購戰機數量（按機種統計）

資料來源：空軍總司令部情報署，《空軍戡亂戰史》第 14~37 冊，臺北：1977 年，頁 33~35、39~41、63、82、137、65、85~86、57~58、87、85~86、55、133、165、87、145~146、103~104、109~112、117~119、101~105、103~106、103~107、172~174、182~184。

# 擔負任務[224]

臺海兩岸距離最近處僅70浬（112公里），面對當時的時空壓力，空防有一定的急迫性。F-104型機在中華民國空防中，主要擔任24小時全天候防空警戒攔截、大陸沿海偵巡、牽制掩護、先期掃蕩、接應支援[225]、對地（海）攻擊（反制作戰）、電子作戰、偵照等任務。1975（民64）年4月5日蔣中正總統逝世、1978（民67）年12月16日華美斷交、1987（民76）年11月19日中共MIG-19型40208號機投誠、1988（民77）年5月12日廈門航空737客機2510號機劫持等四次提升防空戰備狀況，全軍所有妥善機均進入全戰備待命姿態。（空軍演習代號目的及重點如表7）

---

224. 空軍總司令部編，《F-104G應用戰法》（臺北:空軍總司令部，1969年7月（民58）），頁3-12。
225. 空軍總司令部編，《F-104G應用戰法》（臺北：空軍總司令部，1969年7月（民58）），頁57-62。

表 7・空軍演習代號目的及重點一覽表

| 演習 | 目的 | 重點 |
| --- | --- | --- |
| 長空 | 測驗臺澎地區，在無預警狀況下突遭共軍奇襲之防空作戰能力 | 緊急應變行動<br>飛機攔截演練<br>戰管作業演練 |
| 天馬 | 為磨練飛行中隊獨立作戰能力，並增強防空作戰攔截時效，及縮短對大陸作戰之半徑 | 磨練該聯隊所屬各飛行中隊獨立執行戰訓任務之能力 |
| 雲雀 | 增強台澎防空系統戰力，及中美聯盟作戰之協調合作，並訓練本軍地勤人員與防砲飛彈部隊防空作戰能力 | 防空攔截演練<br>飛彈高砲防空作戰演練 |
| 蒼鷹 | 為加強防空作戰系統人員在雷達遭受干擾情況下，運用電子反反制措施達成任務 | 空對地干擾演練<br>空對空干擾演練 |
| 天山 | 配合本軍 T-33 型機反電子裝備，訓練我全天候飛行員辨認空用雷達遭受干擾情況及熟諳電子反制措施 | 空對空電子干擾<br>空對地電子干擾 |
| 藍天 | 磨練臺灣本島防空系統之作戰能力，並測驗各部隊在機彈砲聯合作戰情況下之通信偵察攻擊及防禦之統合戰力 | E1E 通信演練<br>E2E 防空作戰演練<br>E4E 偵照演練<br>E10E 攻擊演練 |
| 東興 | 本軍以計劃兵力協同友軍實施聯合兩棲突擊作戰演習，並訓練及測驗本軍支援能力 | 空中反制作戰<br>掩護作戰<br>空中密接作戰 |
| 聯步 | 加強聯合空降作戰之作為與協同，以促進陸空聯合訓練之效果 | 空中偵察<br>掩護<br>密接支援作戰 |
| 實平 | 本軍以計劃兵力分別協同南北軍實施重裝步兵旅實兵對抗演習，以增進軍種聯合作戰能力 | 空中密接支援作戰<br>空中掩護作戰 |

| | | |
|---|---|---|
| 長城 | 本軍以計劃兵力分別協同甲乙軍實施裝甲兵旅實兵對抗演練，以增進聯合作戰能力 | 空中密接支援作戰<br>空中掩護作戰 |
| 霄漢 | 配合作戰計劃，使軍隊動員可隨時採取行動 | 後備官士兵入營召集 |

資料來源：《空軍沿革史》第3冊，60年度（1970（民59）年7月1日至1971（民60）年6月30日）（臺北：空軍總司令部情報署），頁550~554；62年度（1972（民61）年7月1日至1973（民62）年6月30日）（臺北：空軍總司令部情報署），頁622。空軍總司令部情報署，《空軍戡亂戰史》第26冊，臺北：1977（民66）年，頁131。

## 防空警戒

防空警戒待命主要對應敵軍空襲，能在最短的時間起飛應戰，警戒待命姿態區分為1分鐘、3分鐘、5分鐘、15分鐘、30分鐘、1小時等，直接受令於空軍作戰司令部，執行空中各類型作戰。

1分鐘：飛機開車完成，滑至跑道頭45度邊待命，受令起飛。

3分鐘：飛行員進入座艙，飛機通電完成，在警戒機堡內等待，受令起飛。

5、15、30分鐘警戒：飛行員及機務室人員在警戒室待命，受令起飛。

1小時待命（所有妥善機）：飛行員及機務室人員可在

作戰室／機務室待命，受令起飛。

F-104 戰機日間警戒待命機之時間從始曉前 10 分鐘至終昏前 30 分鐘，夜間警戒自終昏前 40 分鐘至始曉止。每日警戒時間最長達 15 小時以上，而警戒戰機的數量，依敵情及防空戰備狀況調整，平日至少有 2 架執行防空警戒任務，戰況提升時則經常有 12 架以上同時擔任警戒。飛行組員及機工長、地裝、軍械、油料等單位人員，在警戒待命中，除了複習技令及相關書籍外，4 人以上警戒時之消遣活動可以藉玩橋牌、下棋等打發時間，2 人警戒時只能閱讀書報，或觀看電視影片打發緊張又漫長的時間，每當警鈴大作，飛行員立即完成緊急起飛動作，升空應戰，因此在那個風雨時代，為了確保臺海的空防安全，足見飛行員勠力以赴的精神。

## 大陸沿海偵巡

為防杜中共發動兩棲登陸作戰，依中共船團出航的時間計算，劃定偵巡航線與時間，區分為大陸沿海偵巡、近、沿海巡邏，F-104 戰機負責大陸沿、近海巡邏，用意於發現當面地區有無共軍兵力異常集結及調動之情形，另為彰顯國軍空軍戰力，嚇阻共軍侵略企圖。

大陸沿海偵巡是以大陸沿海15浬為界，北起霞浦、四霜，南至東山，路經馬祖、平潭、金門等地，必要時得向南北延伸，並配合海軍外島運補，執行空中掩護作戰，並依空軍作戰司令部規劃的重點區域及時間執行空中戰鬥巡邏（CAP），一般採北中與南中兩條航線。大陸沿海偵巡每日重點時間：（非全軍執行）

始曉前1：30至0：30時。

始曉前0：30至始曉後1：30時。

始曉後1：30至2：30時。

中午12：30至13：30時。

終昏前2：30至前1：30時。

終昏前1：30至終昏後0：30時。

終昏後0：30至1：30時。

任務代號依序為00~06（1964（民53）年起僅執行01~05），也就是在人類生理時鐘最為脆弱之際，執行任務。

## 威力偵巡

中共空軍為防止其飛行員叛逃，1970（民59）年9月之前多在內陸活動，9 月中旬以後，中共戰機有出海活動企圖，影響我軍行動自由，為嚇阻中共出海企圖，由空軍作戰司令部制定「神威方案」，伺機派遣 4 架以上的 F-104 機組，以貼近大陸海岸線方式實施大陸沿海威力偵巡，確保海峽空中優勢。[226]

## 掩護作戰

掩護的對象包括海軍、陸軍、空軍偵照、電子偵察、偵巡、空運、空降等任務，執行方式區分為：牽制掩護、隨伴掩護、區域掩護、接應掩護等。

## 對地（海）攻擊

為粉碎共軍渡海攻擊企圖，F -104G 型機必須擔負對地（海）攻擊任務，受中美協防的影響，固安計畫中主要任務為反制作戰，中隊所有成員必須具備對地（海）攻擊能力。

當我兵戰力轉弱時，仍以空中反制作戰為優先，以爭

226.《空軍沿革史》第 3 冊，60 年度（1970（民 59）年 7 月 1 日至 1971（民 60）年 6 月 30 日）（臺北：空軍總司令部情報署），頁 694。

取空優，為減低任務負荷，減少對地（海）面作戰任務，中隊保留至少十員的對地 ( 海 ) 攻擊能量，作必要時使用，以節約戰力。

## 電子作戰

電子作戰係攜帶電子夾艙對敵實施電子干擾及欺騙，壓縮敵偵測距離及遲滯反應時間，以利我軍作戰之遂行。

## 偵察任務

1966（民 55）年起（中美斷交後），停止對大陸地實施偵查照相，為加強金、馬當面敵情動態蒐集與掌握，機動派遣偵照機對大陸東南沿海地區實施偵照任務，此任務即由 RF-104G 機擔任。[227]

RF-104G 偵照機對中國大陸的偵察照相範圍：南迄澄海機場、北至路橋機場，以金門為界，區分為南航線與北航線。偵察照相考量照相色溫因素，任務迄止時間：08：00 至 16：00 時。偵照待命每日始曉後 2 小時至終昏前 2 小時止。

227. 空軍總司令部情報署，《空軍戡亂戰史》第 37 冊，附件 3，臺北：1984（民 73）年，頁 98~99。

# 戰術戰法

## 對空戰法[228]

### 爬升

為求最佳的爬升速度，依據指示空速或馬赫數爬高，使用軍用推力時，採 400 浬 / 時指示空速（IAS）攔截 0.85 馬赫爬升；使用最大推力，採 400 或 450 浬 / 時 IAS 攔截 0.9 或 0.925 馬赫爬升。

### 全天候攔截戰法

利用空用雷達攔截時，依據武器射程及幾何後置距離，採一次轉入尾部攻擊法、切入攻擊法或側方攻擊法進行攔截，在訓練時，多採 50 度後側方攔截、90 度攔截及 135 度攔截，磨練飛行員與戰術管制聯隊攔截管制官接戰時的應變能力。

### 單機戰鬥

F-104 戰機在傳統空戰中，多半選擇一擊奏效、高速躍越、對頭攻擊的戰法，不宜實施垂直滾轉、上下方大 G

228. 空軍總司令部編，《F-104G 應用戰法》（臺北：空軍總司令部，1969（民 58）年），頁 3-62。

桶滾，絕不可進行剪形運動；在敵機發現我機情況下，避免實施低速躍越。

**戰術編隊**[229]

F-104型機戰術編隊採兩機攻擊隊形（The Double Attack System），四機採雙重疊攻擊隊形，利於高速立體之運動，同時相對兵力節約，航行便利，達成奇襲效果。

防禦隊形：採夾心餅乾戰術（The Sandwich）、防禦分裂戰術（The Defensive Split）。

飛彈／機槍攻擊隊形：採防禦分裂戰術、爬升與雙合、鉗形攻擊。

攻擊戰鬥機隊形：採1號機、2號機強迫攻擊、對抗4機分隊、飛彈攻擊。

攻擊轟炸機隊形：採由下方發射飛彈鉗形攻擊，及超音速攻擊隊形等。

## 對地攻擊[230]

F-104G戰機可攜帶各式通用炸彈、750磅汽油彈、

---

229.《F-104機使用可靠性之專案計畫報告書》，王昌國譯（臺北：空軍總司令部，1969（民58）年7月），頁105-122。

230.《F-104G應用戰法》（臺北：空軍總司令部，1969（民58）年7月），頁63-80。

AGM-12B，及特種武器，LAU-3 火箭包。

NASARR 雷達可測繪出 80 浬以內之地形，可分辨出鐵橋、河域、山嶺、海島與船舶，地面測繪有全天候導航地面測繪、全天候導航地形等高線測繪、低空平飛安全之地形迴避、盲目投彈等功能。

LN-3 慣性導航不需憑藉地面之電台，自行修正側風，其距離之精確度，鐘點誤差 7 浬以內（每小時航行），攜帶 SSU 卡夾與自動駕駛匹配，可航行千浬範圍。

阿里山 8 號西德製戰機有雙定子投放系統，可投擲核子彈（本軍未配賦）。

對地攻擊方法區分為：大角度投擲（30 度以上之俯角）、超低空投彈（50 呎高度）、小角度下滑投彈（小於 30 度俯角）、火箭攻擊（45 度以下俯角）、機砲攻擊（30 至 10 度之間）、音爆運用等。

「音爆運用」係採低空大速度（超音速）通過敵上空，使音爆效應對敵一般裝備（門窗等）施行破壞，震傷戰鬥人員耳膜，喪失其膽量，壓制其精神，減少其對空之反擊，以利我後繼主攻機群順利達成攻擊任務。[231]

---

231.《F-104G 應用戰法》（臺北：空軍總司令部，1969（民 58）年 7 月），頁 83。

## 偵察照相[232]

受色溫影響，空中照相較佳時刻為10：00至14：00時；同時因中國大陸在臺灣西邊，空中照相受向陽影響，偵照時間上午較佳。

RF-104G偵照機配備KS-67及KA-94A、KA-97A、LOROP長焦距高速空用相機，可執行垂直與傾斜照相。

RF-104G偵照機執行偵察照相任務時，通常採取接應偵照、單機伴單機、兩機伴兩機、四機伴兩機、威力偵照、區域掩護偵照等6種戰術偵照應用戰術。

兩機一組為最常使用的偵照方式，1機攜帶相機、1機攜帶AIM-9B或兩機同時攜帶相機，行戰鬥隊形，間隔5,000呎，高度差2,000呎，分中、低、高三種偵照方式：

中空：35,000呎至凝結尾以下照相，速度以0.96馬赫巡航，1.6~2.0馬赫高速照相及通過敵攔截。

低空：300呎高度照相，速度以420浬巡航，600浬/時通過敵區及目標照相。

高空：6萬呎照相，凝結尾上方3,5000呎加速至1.2馬赫上升至6萬呎照相。[233]

---

232.《RF101A及RF104G應用戰法》（臺北：空軍總司令部，1969（民58）年7月），頁20-21。

233. 始安空照的最高高度都在4萬3千呎，因為在不穿壓力衣的情況下超過此一高度萬一艙壓失效將可能造成人體血管栓塞病變。

# 戰役與作戰

F-104 戰機在服役 38 年的時間裡，參與臺海重大戰役及事件者有支援烏坵海戰、反制待命、113 空戰、威力掃蕩、威逼日本、夜間攔截投誠 737 客機、攔截投誠米格機、偵察照相等。在過去國家處境艱困的年代，在捍衛國家安全的行動中，發揮了舉足輕重的作用。

## 超音速遏制中共奪取馬祖

1962（民 51）年 7 月 12 日，馬祖南、北竿告警，空軍作戰司令部下令清泉崗跑道頭 2 架 F-104A 警戒機緊急起飛，王繼堯少校隨即率黃東榮上尉立即開車進跑道起飛，然長機 4203 發動機在起飛時發生故障，尾管噴出大量煙火，飛機離地後王員隨即跳傘逃生，黃員見其傘開人墜地後，遂向戰管報到說明原委，原認為能得到中止任務的許可，然而得到的答覆是：上級指示，單機航向 350° 高度保持 1 萬呎，繼續執行任務。當黃員目視馬祖時，發現南竿、北竿海域有大量共軍艦艇、登陸艇、漁船集結，數量達百艘以上，考量武器僅攜帶 AIM-9A 飛彈 2 枚及 20mm 機砲 400 發，在武器彈藥不足情況下，憶起年前，鄭茂鴻少校在清泉崗閱兵時的場景，因超音速通過清泉崗基地，音爆震碎所有建築物的玻璃事件，決定依法試試，於是開啟後燃器並推頭加速至 1.3 馬赫，由南向北及由北向南，高度保持 50~100 呎通過中共船艦上空，當下海面受音爆的影響，在兩道強大的渦流與氣旋的助瀾下，激起強大的波浪，共軍百艘艦艇不是被震損、翻覆，就是因顛陂而碰撞，此一重大戰損化解了中共奪島意圖。[234]

## 支援烏坵海戰

1965（民 54）年 8 月 6 日，海軍「漳江」「劍門」兩艘軍艦在大陸沿海東山島附近執行特種作戰任務，遭中共海軍多艘魚雷艇的攻擊，早晨 03：00 時，作戰部下令 4 架 F-104G 型機進入座艙待命，F-100 型戰機進行掛彈，並於 4 點多受令起飛，雖飛臨海戰現場，但海戰業已結束，無功而返。

234. 黃東榮口述，臺北：自宅，2014（民 103）年 1 月 4 日。

為報復中共挑釁，作戰司令部下令：由第 3 大隊大隊長陳燊齡上校領軍、副大隊長張汝誠上校為副領隊，率隊員關永華、孫平等 8 架戰機，從金門北邊進入中國大陸，至內陸 50 哩處回頭返航，並保持 3 萬呎高空及高速迴轉盤旋，中共基於畏怯 F-104G 型機的優異性能，沒有任何反應。[235]

1965（民 54）年 8 月 17 日，執行搜救任務之 HU-16 機遭共軍攻擊 4 次，馬公 CRC 下令：11：20 時起飛之第 3 大隊飛行官蘇根種上尉、王水運中尉 2 架 F-104G 型機（4329、4320 號）及 11：55 時起飛之作戰官林振國少校、李作復上尉 2 架 F-104G 型機（4322、4327 號）前往支援，掩護該機安返馬公基地。[236]

1965（民 54）年 11 月 13~14 日，烏坵發生海戰，3 大隊再度受命，00：10 時至始曉派遣 F-104G 型機 2 批 4 架在烏坵上空擔任制空掩護；05：40 時又派 4 架執行烏坵制空與搜索；09：30 時賡續派出 8 架，但未發現匪艦艇；12：16 時，再依海軍空援申請，出動 1 批 2 架前往烏坵支援，然受天候等影響，未發現目標，無戰果。[237]

---

235. 王立楨，《回首來時路：陳燊齡將軍一生戎馬回顧》（臺北：上優文化，2009（民 98）年 8 月），頁 308-311。

236. 空軍總司令部情報署，《空軍戡亂戰史》第 18 冊，臺北：1977（民 66）年，頁 151~153。

237. 空軍總司令部情報署，《空軍戡亂戰史》第 18 冊，臺北：1977（民 66）年，頁 153~159。

## 反制作戰待命

1966（民 55）年 1 月 9 日中共海軍編號「F-131」的美製中型運輸艇投誠，我軍臨時從嘉義調派一架 HU-16 型水陸兩用飛機，到南竿碼頭接運「吳文獻」等 3 名義士返北，起飛後，遭中共福州機場起飛的 4 架殲 5/ 殲 6 型機擊落，為報復中共挑釁行為，作戰部下令 F-104G 型機 8 架攜帶飛霰彈備戰，然受政情影響而未執行。[238]

## 空投傳單

1966（民 55）年 9 月 14 日，研究設計組首次在金門上空使用 F-104G 型機投擲 CM105 型傳單炸彈 2 枚，對中共發動心戰。[239]

## 打空飄汽球

1966（民 55）年間，共軍利用東北季風時節，對臺灣大量施放空飄汽球進行統戰，F-104 型機部隊受令攻擊，由於汽球雷達截面積小，且空飄速度太慢，無法使用雷達進行盲

238. 孫平口述，林口：自宅，2013（民 102）年 3 月 23 日。
239. 空軍總司令部情報署，《空軍戡亂戰史》第 19 冊，臺北：1977（民 66）年，頁 189。

目攻擊，而使用機砲進行攻擊時，又因接近率過快，恐飛機撞及汽球造成損害，遂使用 2.75 吋火箭燒毀汽球。[240]

## 113 空戰

F-104 戰機唯一的空戰，發生於 1967（民 56）年 1 月 13 日（星期五），第 6 大隊作戰科長宋俊華中校駕駛 RF-104G 5632 號機，奉命再次到廈門港偵照中共潛艇活動情況（上午作戰官葉定國上尉所駕 5640 號機偵照，因照片品質不佳，要求重照），12：40 時作戰司令部立刻下令清泉崗警戒的第 8 中隊 4 架 F-104G 機，緊急起飛接應支援；偵察機於 13:00 時抵達目標區，高度 35,000 呎實施偵照，遂遭到中共駐漳州第 24 師 4 架 MIG-19 型機攻擊；13：02 時脫離返航時，被 MIG-19 型機 12 架分層追擊；[241]13：06 時，

240. 張建碩口述，臺北：文良彥眼科，2014（民 103）年 1 月 19 日。

241. 空軍總司令部情報署，《空軍戡亂戰史》第 20 冊，臺北：1977（民 66）年，頁 101~104。1967（民 56）年 1 月 13 日，我第六大隊作戰科長宋俊華中校，駕 RF-104G 型機執行偵照「廈門港內匪潛艇活動情況」任務，於 13 時達目標上空，以 35000 呎，執行偵照，即遭匪米格 19 型 4 架攻擊，13 時 02 分脫離返航時，為匪米格 19 型機 12 架分層追擊，形勢危急，我石門第一管制報告中心（CRC），即引導我預置在海峽上空擔任掩護接應之 F-104G 型機 4 架（長機為第 3 大隊第 8 中隊輔導官蕭亞民中校，2 號僚機為第 8 中隊飛行官胡琴世霖上尉，3 號僚機為第 8 中隊分隊長楊敬宗少校，4 號僚機為 8 中隊飛行官石貝波上尉），前往支援，13 時 06 分，我機發現在凝結尾層有機一架方向 40°，在一點鐘位置，長機蕭中校即詢問 CRC 該機為敵？為友？石門 CRC 告知是朋友（即我 RF-104G 型偵照機），旋即發現另有二條凝結尾追踪友機，（判係匪機），航向 40°，距我友機 8 至 10 浬，當時匪機距我掩護機 24 浬，在十點鐘位置，我機位置 RK5563（金門東北 28 浬）航向 340°。13 時 06 分，石門 CRC 告知匪機轉向 100° 出海，有向我攻擊之趨勢，

2架亟欲立功追擊我偵察機的MIG-19型機，為我接應支援機目視，長機（4341）第8中隊輔導官蕭亞民中校機立刻使用無線電向戰管請示：開火，立即得到戰管聯隊石門管報中隊管制官「打」的命令，[242]隨即開火，但偏偏響尾蛇飛彈未能點燃擊發，2號機（4347）飛行官胡世霖上尉見狀立即補上發射一枚飛彈，於13：07時將共軍僚機擊落於泉州灣內，共軍長機一見苗頭不對，馬上向右下方俯衝脫離，正好落在後衛的4號機（4344）飛行官石貝波上尉面前，石員見機不可失，追近至距離共軍長機4,000呎處發射飛彈，於13：08時，將其擊落，[243]接續與3號機（分隊長楊敬宗少校4353號）雙雙進雲，各自於雲中折返，戰

---

並指示我機速轉向020° 脫離，斯時我長機蕭中校判斷若轉向020° ，勢必處於不利位置，乃要求石門CRC轉向330° 準備應戰。13時07分，我長機及2號僚機，發現匪機2架並辨認為米格19型機，在11點鐘位置，距離6浬處正對我偵照機追擊，情十分危急，同時石門CRC指示匪機在12點位置，距離2浬半，我長機及2號機即行迎戰，我長機發射飛彈一枚未射出，我2號機胡世霖上尉同時亦射出飛彈一枚，命中匪機並冒出黑煙，向右下方雲中急墜，位置PK在5550（泉州灣內），匪長機立即向右下方俯衝急轉脫離，我長機及2號機均無法再行追擊，遂即脫離，並降低高度至6000呎，在雲中返航，13時08分我4號機石貝波上尉，正位於我長機左後方約1哩許，見匪僚機被擊中冒煙墜落，匪長機以大G俯衝向右急轉脫離，恰位於我4號機正前方8000呎之攻擊航線中，我4號機即進入攻擊，接敵至4000呎時判明為匪米格19型機後，即發射飛彈一枚，目睹匪機中彈著火墜入雲中，我4號機隨即右轉降低高度在雲中返航，13時09分我機全部脫離戰場返航時，長機在距台60浬處，指示各機保持雲中飛行，並告知其飛行高度為7000呎，2號機報告高度為8000呎，4號機報告6500呎，但未獲3號機報告，當時時間為13時11分，（可能因飛機操縱系統故障墜海殉職）。13時25分長機及2、4號機暨偵照機先後降落清泉崗及桃園基地。我偵照機RF-104G及戰鬥機F-104G航跡圖如附件（50），匪我戰鬥機態勢圖如附件（51）（52）。

242. 戰管聯隊戰管中心主任徐康年、作戰科長孫兆良、作戰官宋慎禮佐證。

243.《空軍沿革史》，53年至56年度（1964（民53）年7月1日至1967（民56）年6月30日）（臺北：空軍總司令部情報署），頁244-245。

後，領隊立即在雲中實施無線電 Check in，2、3、4 號機依序應答，然楊敬宗少校返航途中失去訊息，自此失蹤。[244]

「113 空戰」雖然得到 2：0 的戰果，也開創 F-104 型機擊落 MIG 機的先河，但楊員的非戰傷損失，美中有憾，自此兩岸空軍皆相互克制，極力避免挑釁行為，引發戰端。（我 F-104 戰鬥機航跡、敵我戰鬥機態勢、中共防情航跡如圖 24、25、26）

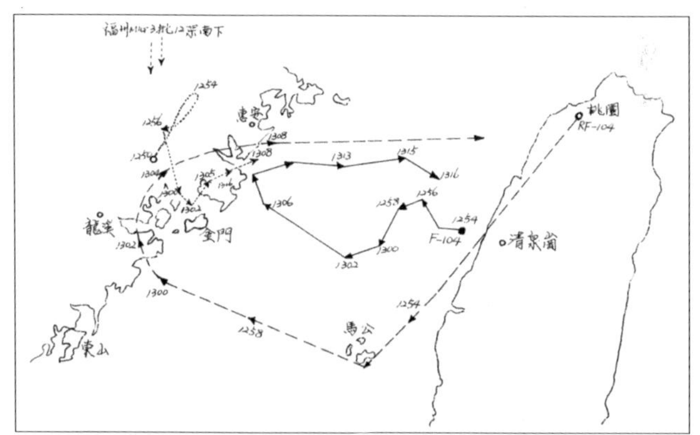


圖 24・「113 空戰」我 F-104 戰鬥機航跡圖

資料來源：空軍總司令部情報署，《空軍戡亂戰史》第 20 冊，附件 50，臺北：1977（民 66）年，頁 102。

244. http://blog.xuite.net/amu390/CYWBCC/5127902

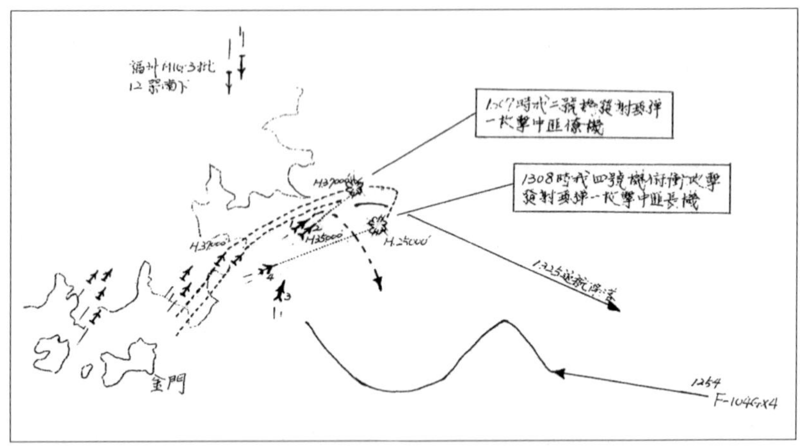


圖 25・「113 空戰」敵我戰鬥機態勢圖

資料來源：空軍總司令部情報署，《空軍戡亂戰史》第 20 冊，附件 51，臺北：1977（民 66）年，頁 102。

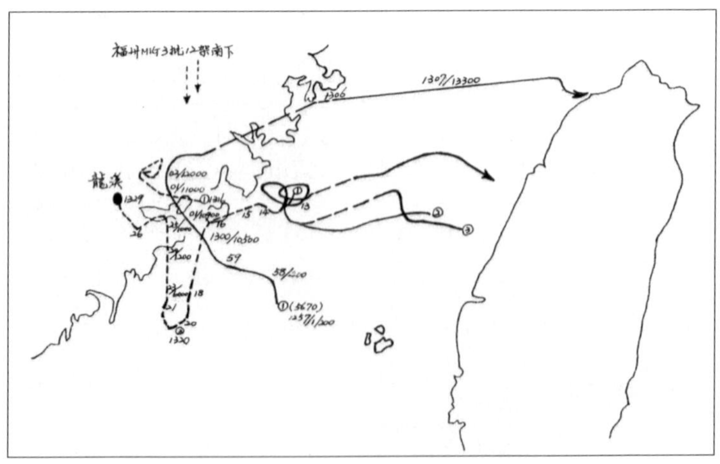


圖 26・「113 空戰」中共防情航跡圖

資料來源：空軍總司令部情報署，《空軍戡亂戰史》第 20 冊，附件 52，臺北：1977（民 66）年，頁 102。

## 威力掃蕩

1967（民 56）年 3 月，中共殲 7 型機部署於中國大陸東南沿海地區，1968（民 57）年某日我空中作戰指揮中心發現當面地區有高速目標出海挑釁，為確保領空安全，作戰副司令親自至清泉崗基地下達作戰密令，3 聯隊派遣 7 中隊謝崇科少校、蕭潤宗少校、石貝波上尉、金正岳上尉共 4 員，著高空壓力衣行去氮程序，4 架飛機採取無外載之作戰外型，派遣其他中隊隊員進行飛機檢查並完成開車程序，而後幫助謝員等上機，全程保持無線電靜默，以 1.5 馬赫高度 40,000 呎高空高速進入大陸，並鑽升至 57,000 呎，彰顯我空中優勢。[245]

1987（民 76）年中共 MIG-21 型機進駐當面地區前沿機場，作戰部下令，3 聯隊派遣 F-104G 型機從南磯山至路橋，由應嘉生少校領隊實施威力偵巡，另派遣 2 批 F-5 型機於金山外海待戰，中共亦無反應。[246]

## 救援美軍 A-6A 闖入者式攻擊機

1970（民 59）年 8 月，作戰部下令清泉崗基地跑道頭

245. 蕭潤宗口述，臺北：自宅，2016（民 105）年 3 月 24 日。
246. 應嘉生口述，臺中：翔園，2013（民 102）年 6 月 27 日。

警戒機 F-104A 型機 4 架緊急起飛攔截進入我防空識別區的不明機，黃東榮少校率 2 號機陳其昌上尉…等起飛，航向 250° 、高度 2 萬呎，於馬公上空時編隊與不明機交會，但隨即不見不明機動向，黃員立即翻滾倒飛，發現目標在低空 50 呎處，航向金門，當下戰管下令「擊落之」，黃員即令 3、4 號機飛高位掩護，率 2 號機準備進入攻擊；接近時，辨明該目標為美軍 A-6A 型機，黃員即下令 2 號機就機砲射擊位置，3、4 號機就掩護位置，黃員單機飛至美機旁，搖擺機翼「示意：美機隨我返航」，但美機並未理會，持續向中國大陸挺進，指向龍溪機場；中共龍溪、龍田、福州等機場戰機 38 架立即起飛進行攔截，黃員即令 3、4 號機迎戰，共機目視我 F-104A 型機隊，隨即四散逃逸；黃員再施行兩次搖擺機翼行徑後，美機始意會，至連城機場前右轉隨我機返部，俟 5 機自蒲田脫離大陸地區後，因油量關係，黃員將美機交嘉義機場起飛之 F-100 型機，並護送該機返回美軍航艦；2 星期後，美軍航艦指揮官為感謝義舉，特邀黃員赴艦參訪及餐敘，接受航艦戰鬥群所有艦長及飛行員 90 餘人列隊歡迎。[247]

247. 黃東榮口述，臺北：自宅，2014（民 103）年 1 月 4 日。

## 威逼日本

1972（民 61）年 9 月 29 日起，為報復日本片面宣布與中華民國斷交，駐守新竹基地的第 41 隊 F-104A 型機，負責攔截企圖闖越我防空識別區日本民航機，逼迫其改道，沿臺灣東面與那國島一線前往東南亞，以示抗議。[248]

## 攔截投誠米格機

1987（民 76）年 11 月 19 日，反共義士劉志遠駕 MIG-19 型機 40208 號投誠，派遣第 8 中隊秦宗璽少校、陳泰偉、劉盛隆、葛金琦上尉進行攔截，並安全引導清泉崗基地落地，由高勤官傅忠毅少將全權處理。

## 夜間攔截投誠 737 客機

1988（民 77）年 5 月 12 日晚間，中共廈門航空公司 1 架波音 737 客機 2510 號自廈門起飛，遭劫持飛往臺灣，適時清泉崗基地有 3 架 F-104G 型機起飛執行夜航訓練（黃集弘上尉 / 王璉少校、陳泰偉、張克辛上尉 / 柏關忠少校），空軍作戰司令部即行轉用，進行攔截，並安全引導清泉崗基地落地。

248. 傅慰孤口述，新竹：自宅，2013（民 102）年 6 月 19 日。

## 偵察照相

臺灣沒有人造衛星，為了掌握共軍動態，極依賴空軍的戰場偵察。

RF-104G 偵察機擔任大陸沿海地區照相為主，目標包括機場、雷達站、飛彈陣地及電子設施等。換裝傾斜照相機前，必須深入大陸地區進行垂直照相，引起共軍追擊，深具危險性，每次出任務視情況議獎。（1966（民 55）~1967（民 56）年因作戰議獎人員如表 8）

1965（民 54）年 1 月 19 日，第 5 聯隊第 6 大隊第 12 中隊中校副隊長林佐時率飛行官李志立上尉駕 RF-104G 型機 5630、5626 號，首次偵照南日島及平潭島中共電子設施。[249]

1965（民 54）年 5 月 22 日，第 5 聯隊奉命偵照大陸福建平潭島電子設施，由第 6 大隊第 12 中隊中校輔導官何建彝（達契）率飛行官黃永厚上尉，駕 RF-104G 型機 5630、5632 號於 1145 時自桃園機場起飛，到達目標途中，遭多批共機攔截，5632 號機於 1200 時通過蓬峰時，遭敵地面砲火擊中機尾翅，致使 1 號液壓系管路破裂，液壓油

---

249. 空軍總司令部情報署，《空軍戡亂戰史》第 18 冊，臺北：1977（民 66）年，頁 232~233。

漏盡，仍能保全戰機，於 1220 時安全落地，[250] 自此偵照任務不再進行「低空進入、爬升偵照」模式，改採「高空高速直接進入目標」的方式進行偵照。

當中共在當面地區部署地對空飛彈後，影響偵照任務的遂行。

1978（民 67）年，孫培雄少校在第 3 大隊 4 架 F-104G 型機掩護下，進入中國大陸對機場實施偵照任務，已遭共軍地對空飛彈鎖定，正向中共國務院請示射擊，對話電訊為我截獲，空軍作戰司令梁德智中將立即下令右轉脫離，偵照任務成果最為豐碩的一次。[251]

1985（民 74）年 4 月起，因政治因素停止進入大陸偵照，只有「在必要時」才實施。

1990（民 79）年 3 月 13 日，偵照發現福州機場進駐強 5 及殲 7 機；6 月浙江路橋機場部署殲 8 戰機，7 月監聽單位發現該機場有不尋常的調動，為掌握確實情資，20 日作戰司令范里中將決定派遣 RF-104G 型機 2 架（林建戎中校（始安）、許竹君上尉（KS-125））、F-104G 型機 4 架掩護（田定

250.《空軍沿革史》53 年至 56 年度（1964（民 53）年 7 月 1 日至 1967（民 56）年 6 月 30 日）（臺北：空軍總司令部情報署），頁 249。

251. 傅鏡平，《F-104 星式戰鬥機—中國空軍服役歷史》（臺北：中國之翼，2000（民 89）年 3 月 1 日），頁 26。

忠中校、劉文祥少校、楊志誠少校、葛季賢少校）對路橋（主目標）、溫州（副目標）機場進行偵照，然飛至溫州機場前，與路橋起飛攔截的殲 8 型機 4 架遭遇，[252] 險些發生空戰，這是最後乙次對溫州機場進行的偵照任務，爾後再未派遣偵照機對路橋機場進行偵照。[253]1992（民 81）年 7 月 6 日，偵照沙堤、惠安、馬巷等機場的紅旗 2 號防空飛彈進駐陣地情形。

因衛星照相科技之進步，取代了高空照相任務。1995（民 84）年 3 月，RF-104G 型機最後乙次對中國大陸實施偵照任務，然戰場戰果偵照任務仍持續進行。[254]

---

252. 林建戎口述，臺中：自宅，2013（民 102）年 6 月 24 日。
253. 張復一，〈差一點的海峽最後空戰〉，《始安天南地北的玩耍天地》，2010（民 99）年 6 月 1 日。
254. http://www.wretch.cc/blog/aa3ch/2398844

表 8・1966（民 55）~1967（民 56）年因作戰議獎人員名冊

| 時間 | 單位 | 級職 | 姓名 | 事蹟 |
|---|---|---|---|---|
| 1966/7/15 | 6 大隊 | 上校副大隊長 | 張德亞 | 626 號機偵照平潭達成任務 |
| 1966/7/15 | 6 大隊 | 上尉飛行官 | 謝甦 | 628 號機偵照平潭達成任務 |
| 1966/8/12 | 6 大隊 | 少校作戰官 | 帥立人 | 626 號機偵照福州等地達成任務 |
| 1966/9/2 | 6 大隊 | 上尉飛行官 | 李樹南 | 630 號機偵照平潭等地達成任務 |
| 1966/1/2 | 6 大隊 | 少校作戰長 | 盧義勇 | 630 號機偵照廈門達成任務 |
| 1967/1/13 | 6 大隊 | 中校科長 | 宋俊華 | 5632 號偵照廈門雷達站完成任務 |
| 1967/1/13 | 6 大隊 | 上尉作戰官 | 葉定國 | 5640 號偵照廈門雷達站完成任務 |
| 1967/3/24 | 6 大隊 | 上校大隊長 | 王德輝 | 5626 號偵照廈門附近完成任務 |
| 1967/3/27 | 6 大隊 | 少校分隊長 | 施龍飛 | 5636 號偵照福州機場完成任務 |
| 1967/7/18 | 6 大隊 | 中校輔導官 | 鍾家騫 | 5630 號偵照三都及大帽山雷達站完成任務 |

資料來源：空軍總司令部情報署，《空軍戡亂戰史》第 19 冊，臺北：1977（民 66）年，頁 157~158，頁 185；第 20 冊。

# 戰力展示

為有效發揮嚇阻戰略，遏制中共武力進犯，並宣揚空軍軍威、提升空地勤官兵戰技技能，空軍各部隊均依總部令執行年度各類演習、戰力展示及競賽等，F-104 型機部隊主要參演項目計有：國慶閱兵空中分列式、漢光演習、忠勇演習、鑽升戰技表演、空靶射擊、高速公路戰備起降、部隊隊慶兵力展示、營區開放、戰技競賽等。

## 國慶閱兵

F-104 型機自國慶 50 周年（1961（民 50）年）起，即參加國慶閱兵之空中分列式，代號「復興、復漢演習」。[255]

## 首次參加國慶閱兵的遺憾

1964（民 53 年）慶祝雙十節，國防部舉行代號為「興

---

255.《空軍沿革史》第 2 冊，62 年度（1972（民 61）年 7 月 1 日至 1973（民 62）年 6 月 30 日）（臺北：空軍總司令部情報署），頁 440。

漢演習」的閱兵典禮，空軍派遣近百架各型戰機，預劃以 6 個 16 機大鑽石隊形，自基隆外海待命區，經基隆向總統府閱兵台正前方通過。如天氣為陰天、雲幕高在 2,500 呎以上，能見度達 5 哩以上時，改採用備用計畫，隊形改為 24 個分隊跟蹤隊形。在中壢 / 竹北待命區出海，經淡水河口進入，沿淡水河在圓山飯店右側向右急轉，沿中山北路通過閱兵台。

本案備用計畫欠周詳之處首在：自待命區起至通過閱兵台，24 個分隊的長蛇陣編隊將不停的在轉彎。常飛的飛行員都熟知，四機跟蹤隊形下四號機通常都不容易保持位置，遑論 24 個分隊之大編隊夾在低雲幕和地面障礙物之空間裡運動；其次備用計畫未實施過全兵力預演，未預想近 5 浬的長蛇陣在雲幕下運動時所面臨的問題與可能的風險。

此長蛇形的 24 個跟蹤分隊，每個尾隨分隊都需要較前一分隊低 1 個半編隊高度及拖後一個半編隊，以降低前一分隊尾流所留下的氣流擾動。位於愈後方的分隊非但面臨的尾流愈強，而且愈接近面障礙物。自待命區域起迄通過閱兵台止超過 30 分鐘時間，編隊每員在長時間處於分秒不能放鬆的壓力下。在臨近閱兵台前最後一段航線已經進入人煙密集區，全編隊中任一員稍有失誤，後果嚴重的程度超乎想像。計畫人員竟完全沒有一絲警覺。如果想到至少應減少編隊兵力，同時切割跟蹤隊長度，增加分割後編隊間隔距離，減少長跟蹤甩尾程度等技術性處置方法，以保障安全達成任務。

本次閱兵指揮管制組規劃的備用計畫規劃不周在前，且未實施全兵力預演在後，當天氣不符標準時，指揮系統竟無一人提出當實施備用計畫的質疑，也令人難以置信，一連串疏失，遂形成極大的風險。

閱兵過程概述：當日參演之部隊依戰管中心指導，將6個不同機種和基地的編隊，有序的導入低雲幕下之計畫待命區域。已展現我戰管單位與飛行部隊之能力，但當此一近5浬的長蛇陣，被引導進入上有雲層下有地障和高建築物（如天線塔）的區域，大編隊在這不大的空間裡的盤旋待命，撓動的氣流益形不穩，每一飛行員都必須戰戰兢兢的保持編隊隊形，位於後段的分隊要保持在長蛇陣中的位置，更面臨要掌握分隊的高度與地障間的高度差。

長蛇陣在離開待命區出海，然後轉向淡水河口到達圓山飯店之間，大家始稍鬆了一口氣，但緊接著沿中山北路向東進時，總領隊不斷的修正方向，位於愈後段的分隊，需要修正量也愈大，且氣流的波動也愈強。位於最尾端的4 個 F-104 型機分隊人員事後陳述：受前面 20 個分隊的尾流衝擊，每架飛機跳動強烈度幾乎讓飛行員握不住駕駛桿，眼睛緊盯長機並隨其行動，此時餘光發現分隊已低於總統府樓頂的國旗，此刻倒數第 2 個分隊長張甲上尉（4212 號）發現已不容許再降高度，否則會撞及地面建築，為了避前面編隊尾流，遂向左側移動，瞬間左側僚機左翼尖油箱撞及中央廣播電臺天線塔，受損的油箱與燃油散撒在空中，該機仍保持隊形，通過閱兵臺視線後，才緩和脫離分隊。

此時，該分隊另一僚機（4205 號）循例自動脫離編隊，意圖隨伴「傷機」飛行，然位於後方分隊的領隊則認為「傷機」重創後能否安全操作存疑，應予協助判斷與處理，已非僅隨伴而已，乃擬主動接替該項任務，並指示隨伴僚機返回原編隊，不料該僚機在重回原編隊時速度過大，復無彈性調整空間觀念，直接對向其領隊（4216 號），慌張中動作失誤撞上領隊，致兩機均失控墜地，人員未及逃生，王乾宗、林鶴聲當場殉職，時任最後一個編隊的唐飛，在編隊慌亂之際，呼叫所有在空機：保持無線電靜默，始穩定軍心。

撞及天線塔之傷機在減速飛至海外後，先彈射右翼尖油箱，取得飛機平衡後。接著模擬降落，確定飛機可完全操控無慮後，該機飛返基地安降。該機左翼尖受創之程度能安降，使得空地勤人員對於 F-104 型機結構的可靠度產生了信心。[256]

為提振軍威，12 月 8 日空軍在清泉崗基地舉行「武昌演習」，[257] 除了空中大編隊外（陳燊齡為總領隊），尚包括 F-104 機高速鑽升、F-100 機對地炸射、F-86 機空中纏鬥、C-119 機重裝備空投，同時地面還安排了百架各型機種（F-

256.F-104 機國慶撞機事件檢討：大編隊任務在克服所有艱辛困難完成後，發生此一重大失事，看似意外，實有其潛在因素。現在回頭再檢討撞機事件之潛在因素：第七中隊於 1964（民 53 年）4 月 2 日開始展開 F-104G 型新機戰備訓練，預劃於 10 月 15 日完成全天侯戰備，規劃在 11 月 1 日零時起擔負起臺灣全天候防空警戒的責任。但在 9 月中旬受令參與國慶閱兵，顯然上級重視向國人展視新機陣容優先。雖新機性能突出，裝備新，人員也來自全軍選優，意外的獲得一年踏實的先期訓練，接著六個月日夜 TF/F-104G 飛行訓練確實認真。中隊戰力堅實，雖被放置在最吃力的大編隊殿後位置，全隊均有信心能完成任務，事後也獲得證實。但該中隊編制 TF/F-104G 20 架，參與演習兵力需求為 16 架，再加預備機 2 架，共需 18 架。中隊經過半年日夜訓練，扣除計畫性週期檢查屆期，與器材修護待件飛機外，中隊能支援的機數不足。上級指示第 8 中隊 F-104A 型機一個分隊採人機支援。1960（民 49 年）出於政治因素，美方核定軍援 F-104A/B 型機一個中隊給我國。空軍規劃交付第 8 中隊承接，人員自全軍選優組成。唯倉促中中美雙方計畫皆欠週密。初期修護技術轉移遭遇困難，飛機零附件補給管道不順暢，修護裝備不足等多重因素，中隊飛機妥善率有時低至 1-2 架，當時經多方努力仍難改善。後經年餘之努力方有改進。但中隊戰力：指戰機妥善率與飛行人員長期訓練不足，顯然無法與隨後接受 F-104G 時之第七中隊比擬，以第 8 中隊之「換裝」失敗的教訓，藉週詳之計畫與執行力，高昂士氣加以基地顧問組全力的協助。半年全員完成戰備訓練，順利擔負起台海全天候防空戰備。基此，聯隊刻意將第 8 中隊之 F-104A 置於第三分隊位置，但仍未能避免發生撞天線塔與互撞損失三機事故，關鍵因素在上級從未對該中隊戰力低落的事實，採取過有效措施。一直到五年後汰除 A/B 型換裝 G 型機，共發生重大失事 12 起之多。事後總司令徐煥昇要求就本案在第三聯隊召開檢討會，會前聯隊長司徒福指示本部人員檢討自己過失，勿觸及上級（總部作戰組長）與總領隊（4 聯隊聯隊長）。會中發言者多未觸及教訓和經驗，以供後人參考借鏡，並以慰亡者家屬。唐飛口述，林口：中華戰史文獻學會，2019（民 108）年 9 月 19 日。

257. http://nrch.cca.gov.tw/ccahome/search/search_meta.jsp?xml_id=0005909697

104 機 25 架）接受蔣中正總統校閱。[258]

1981（民 70）年 10 月 10 日，為建國 70 年國慶，空軍奉令執行「漢武演習」之空中分列式，F-104 型機 16 架以鑽石隊形通過總統府閱兵臺。[259]

1987（民 76）年 10 月 11 日，為宣慰僑胞，在湖口靶場舉行「僑泰演習」，項目包括空中分列式、陸空聯合作戰及戰技操演等，F-104G 機派遣 8 架參演，接受蔣經國總統校閱。[260]

1991（民 80）年 10 月 10 日，F-104 型機最後一次參加國慶（代號「華統演習」），第 5 聯隊聯隊長金康柏少將為空中總領隊，第 3 聯隊副聯隊長譚宗虎上校為快速機總領隊，第 3、11 大隊各派遣戰機 10 架參加國慶閱兵空中分列式，[261] 採前後 4 個分隊大雁隊形通過閱兵台，接受李登輝總統的校閱。[262]

---

258. 王立楨，《回首來時路：陳燊齡將軍一生戎馬回顧》（臺北：上優文化，2009（民 98）年 8 月），頁 304~308。

259. 宋孝先，〈回憶閱兵往事〉，《青年日報》，2005（民 94）年 10 月 10 日，副刊。

260. 王立楨，《回首來時路：陳燊齡將軍一生戎馬回顧》（臺北：上優文化，2009（民 98）年 8 月），頁 395~396。

261. 譚宗虎口述，臺中：自宅，2013（民 102）年 6 月 27 日。

262. 領隊田定忠 / 段瑞祺、劉樹金、孟繁斌、王繼陽 / 鄧景文；2 分隊領隊游永松 / 張治球、楊華倫、張健翔、徐雲龍 / 汪東平；預備機邱中彥、郭榮燕。

## 光華演習

1968（民 57）年 10 月 29 日，為展示空軍訓練成果，恭請蔣總統親校，藉資宣揚國威，實施空中戰術技術演練，項目有單機性能飛行表演、2 架防空作戰演練、8 架阻絕作戰演練、12 架編隊致敬。[263]

## 忠勇演習

1979（民 68）年，空軍在岡山舉行慶祝空軍官校建校五十週年的活動，總統經國先生親臨主持，代號「忠勇演習」，F-104 型機部隊由第 3 大隊大隊長沙國楹上校領隊（王止戈中校任 4 分隊領隊），採取 16 機鑽石隊形通過，展示軍威。

## 鑽升表演

為展現 F-104 型機優越的防空攔截能力，經常執行高性能的鑽升，藉最大推力及 450 浬 / 時以上的高速，飛機爬升仰角可達 60° 以上，在 1 分多鐘內，可爬升至 3 萬呎

---

263. 空軍總司令部情報署，《空軍戡亂戰史》第 21 冊，臺北：1977（民 66）年，頁 36~37。

以上，此種表現不但發動機怒吼聲具震撼力外，快速的機動性，更展現出部隊的空防戰力，因此任何演習或貴賓參訪時，鑽升課目都是指定必看的表演項目，臺北淡水河[264]一度是特定的表演舞台。[265]

7 隊唐飛領隊進行跑道頭緊急起飛實施鑽升表演時，進跑道採雙機右編隊起飛，離地後收起落架，保持最小後燃器，放下減速板，2 號機調整隊形至左邊，保持地面觀眾之視線行左轉彎，待 3、4 號機起飛後跟上，至觀眾席前拉升，成為鑽升範式，而編隊最佳僚機首選為劉壽榮。

1985（民 74）年 9 月 4~17 日，第 7 中隊應嘉生少校 / 王長河上尉駕 TF-104 機參加空軍「先勝演習」戰術攔截課目，因 F-5 目標機已準備通過表演台，因此加速追趕，在清泉崗機場南界達音速，音爆經過地區，海軍陸戰隊 66 師的天花板被震落 299 片，高爾夫球場大廳玻璃窗被震碎，震波造成如隕石墜落般的災損，驗證了超音速震波的強大破壞威力。

264. 1964（民 53）年國光演習。

265. 史濟民口述，臺中：自宅，2013（民 102）年 6 月 21 日。

## 高速公路戰備道起降

1974（民 63）年 10 月開工，迄 1977（民 66）年 6 月高速公路設置緊急起降場完工。[266]1978（民 67）年 10 月 31 日準備全線通車，為測試規劃的戰備道是否符合作戰需求，於通車前，在員林至花壇段戰備道進行起降測試，由 8 中隊擔此任務，周文沖中校／沙啟屏上尉任主要測試機，李天羽中校 / 宋志成上尉為預備機，[267] 於排除一切可能的風險後，10 月 20 日，由周文沖中校 / 宋孝先少校駕 F-104D 型機完成飛試，開戰鬥機起降臺灣高速公路戰備道的先例。[268]

## 南京演習

1967（民 56）年 10 月 27 日，為呈獻國軍聯合作戰訓練成果，並顯示三軍強大戰力，出動 F-104G 型機 8 架及 RF-104G 型機 1 架，執行三軍聯合兩棲突擊登陸作戰演習。[269]

---

266.《空軍沿革史》第 3 冊，63 年度（1973（民 62）年 7 月 1 日至 1974（民 63）年 6 月 30 日）（臺北：空軍總司令部情報署），頁 729。

267. 宋志成口述，臺中：大和屋，2014（民 103）年 2 月 19 日。

268. 宋孝先，〈首次駕 F-104D 戰機降落高速公路〉，《尖端科技》，2012（民 101）年 4 月，頁 48-49。

269. 空軍總司令部情報署，《空軍戡亂戰史》第 20 冊，附件 34，臺北：1977（民 66）年，頁 66~68。

## 漢光演習

1979（民 68）年《中美共同防禦條約》廢止，華美兩軍聯合軍演亦行終止，為協防臺灣，杜絕共軍登陸，自 1984（民 73）年起進行代號「漢光演習」的實兵防衛作戰操演，1988（民 77）年，第 3 大隊第 7 中隊 F-104 型機在副聯隊長李天羽上校率領下，參與「漢光 5 號」演習，首度機動移防至花蓮基地參加三軍聯合軍演，展示戰力。[270]

## 隊慶兵力展示

F-104 型機部隊逢十隊慶時即擴大舉行，比較特殊者：1987（民 76）年 7 月 14 日政府宣布解嚴，F-104 型機於機尾首次加塗中隊隊徽，以為識別；10 月 16 日，第 3 飛行大隊 61 週年大隊慶時舉行空中分列式，第 7、8、28 中隊派遣各 8 架戰機參與，總計 F-104J/D/J、F-104A、F/TF104G 等 24 架。[271]

---

270. 吳家麒口述，臺中太平：自宅，2013（民 102）年 6 月 25 日。
271. 〈從解嚴到停飛—清泉崗基地的 F-104（1987（民 76）~1993（民 82））〉。http://tw.myblog.yahoo.com/jw!NdFTbRqRExwlYf.aHGo-/article?mid=61&l=f&fid=5

## 營區開放

為凝聚國人向心，空軍各基地實施營區開放任務，1989（民78）年8月14日與10月10日，清泉崗基地舉行首次營區開放任務，除地面展示全軍各種機型外，空中實施飛行操演，F-104型機編隊實施低空通過及鑽升表演，人潮與車潮塞爆中清路，盛況空前。[272]

1997（民86）年8月14日，空軍新竹基地實施營區開放任務，第11大隊及第12隊之F-104型機，最後乙次在國人面前實施低空編隊表演項目。

## 戰技競賽

1976（民65）年，第一次全軍炸射比賽在臺南基地舉辦，F-104G型機部隊由大隊長唐飛上校領軍參加，組員有劉壽榮、金乃傑、黃山陽上尉等，移駐臺南時，天氣不良－低能見度，仍採取地面雷達引導GCA降落，但引導人員因首次引導F-104型機，不熟悉其航行性能，致使五邊進場時偏離跑道，飛機直奔飛行輔導車（MOB）而來，唐飛眼見無法安全落地，當下決定點燃後燃器實施重飛，當時

272.〈從解嚴到停飛—清泉崗基地的F-104（1987（民76）~1993（民82））〉。http://tw.myblog.yahoo.com/jw!NdFTbRqRExwlYf.aHGo-/article?mid=61&l=f&fid=5

飛輔室值勤人員，除大隊長孫平上校堅守崗位外，皆被驚嚇而逃離現場，鬧得一番笑話。[273] 為維持飛機妥善，蕭潤宗特別駕 T-33 型機送瞄準具至臺南。[274]

1990（民 79）年冬季，空軍決定在清泉崗基地舉行戰技競賽，以提振軍心士氣並驗收訓練成效；第 3 大隊為統一機隊陣容，將所屬 F-104 型機塗裝重新噴漆，並將直尾翅之原中隊隊徽改為大隊隊徽；然而競賽中所發射的飛彈竟然失效，因而敗北。

273. 梁新明口述，臺中：自宅，2014（民 103）年 1 月 27 日。
274. 蕭潤宗口述，臺北：自宅，2016（民 105）年 3 月 24 日。

# 軍事外交

協同美軍作戰捍衛領空，F-104 型機部隊亦擔負軍事外交任務，在美軍協防期間執行：不同機種戰鬥演練、中美併肩作戰、定期赴日本琉球及菲律賓執行海洋長途飛行訓練、藍天演習、伴隨美軍 C-130 空運機執行穿山溝訓練交流訪問、協助約旦換裝等，行軍事外交。

## 蒼鷹演習

1964（民 53）年 3 月 10 至 19 日，美軍第 1091 混合偵察中隊派遣 B-57 機 2 架，對空軍各型雷達實施空對地干擾，F-104G 機首次參與演練，3 月 16 日 1521 時，下令 2 架實施攔截，1545 時因發現特殊情況，為安全顧慮，宣布演習終止。[275]

275. 空軍總司令部情報署，《空軍戡亂戰史》第 17 冊，臺北：1977（民 66）年，頁 64~73。

## 不同機種戰鬥演練

1964（民 53）年，美軍駐防沖繩的第 18 戰術戰鬥機聯隊（18th Tactical Fighter Wing）67 中隊完成 F-4C 幽靈戰鬥機換裝，即要求中華民國空軍派遣 F-104A 型機前往沖繩嘉手納基地（Okinawa）實施戰鬥攻防對抗演練，時任第 3 大隊大隊長郭汝霖上校考量飛行員的能力及語文問題，決定派遣最資淺的分隊長黃東榮率 4 架機前往，黃員立即著手研究與具備纏鬥優勢的 F-4C 機對抗問題，於是採取超低空高速方式，在慶良間列島拉升進襲 Okinawa 美軍基地，當美軍雷達發現我機編隊時，遂下令 67 中隊 4 架 F-4C 機緊急起飛攔截，任務完成後，F-4C 機編隊即跟隨黃員編隊，採八機衝場隊形落地。下午接續實施不同機動對抗戰鬥攻防演練，黃員充分發揚 F-104A 型機高速性能，用立體戰鬥對平面戰鬥方式取得主動。是日夜晚 67 中隊全體飛行員於酒吧宴請所有參演隊員，黃員代表我國贈送由 C-119 機後勤梯隊所攜帶的香蕉等臺灣土產給 67 中隊，「Major 黃」成為美軍心中名聲最響亮的飛行員。次日再與美軍較量 2 批，三日後返臺，返臺前約定中美每年定期舉行此種對抗演練，[276] 爾後更擴及與美海軍中途島號、

276. 黃東榮口述，臺北：自宅，2014（民 103）年 1 月 4 日。

小鷹號等航艦起飛的飛機對抗。[277]

## 中美軍併肩作戰

為支援越戰，1966（民 55）年 1 月 22 日，美國戰術空軍司令部（Tactical Air Command）將原駐田納西州西沃特空軍基地（Sewart AFB）、配有 C-123 運輸機及 C-130 運輸機的第 314 部隊運輸機聯隊（314th Troop Carrier Wing）改派至清泉崗，負責遠東地區各地的美軍人員、物資運輸，以及東南亞地區的戰場空運。1968（民 57）年更有 KC-135 等戰機進駐，人員超過 7000 人，容機量超過平時的 2 倍。

1968（民 57）年，美軍第 18 戰術戰鬥機聯隊（18th Tactical Fighter Wing）F-4C 機部隊奉調臺中清泉崗基地及菲律賓克拉克基地執行警戒與支援越戰任務，當晚聯隊長陳燊齡少將依作戰長黃東榮少校的建議，在軍官俱樂部席開 3 桌，宴請全體美軍飛行員，黃員率先呼喊「乾杯」，美軍飛行員以為是水，當真一飲而盡，當晚即見識到金門高粱酒的威力，談笑之間酒杯交錯，無形間建立兩軍深厚

277. 張行達口述，臺北：火車站，2013（民 102）年 6 月 14 日。

情誼。7 月 10 日，第 3 大隊所屬各中隊即與美軍結為姊妹隊（第 7 中隊與美軍第 50 中隊、8 中隊與美 67 中隊、28 中隊與美 44 中隊），[278] 空軍總司令部特別撥補活動費每年 2,000 元，供兩軍交流時使用。

## 海洋長途飛行訓練

協防期間，F-104G 型機定期由訓練隊執行海洋長途飛行訓練，先遣梯隊（技勤維修人員）搭軍艦，空中梯隊由清泉崗基地起飛，至美軍菲律賓克拉克（Clark）基地或沖繩（Okinawa）基地，[279] 落地加油後飛返。[280]

1972（民 61）年 4 月 25 日，黃東榮中校、史濟民上尉等攜帶機翼油箱執行海洋長途飛行任務，落地時恰巧被日本記者拍到，並公諸於媒體；返航時因清泉崗天氣不良，改落臺南基地。9 月 29 日中日斷交，海洋長途飛行任務即行中止。[281]

1975（民 64）年 6 月 9 日，李作復中校領隊有機會再

278.《空軍沿革史》第 3 冊，58 年度（1968（民 57）年 7 月 1 日至 1969（民 58）年 6 月 30 日）（臺北：空軍總司令部情報署），頁 1041。

279. 日光（Sunshine）、月光（Moonshine）實為美軍對國府空軍海洋長途飛行任務的謔稱，因我飛行員均藉此機會，在美軍基地免稅店大量採購免稅商品，空軍不明，冠為演習代名。

280. 王止戈口述，龍潭：自宅，2013（民 102）年 4 月 2 日。

281. 史濟民口述，臺中：自宅，2013（民 102）年 6 月 21 日。

執行海洋長途飛行任務，從清泉崗基地起飛，先至臺南機場落地加油，而後直飛菲律賓克拉克（Clark）基地，落地後接獲中菲斷交的消息，雖然飛機發生故障，但礙於政治情勢，被迫帶故障飛返清泉崗基地，海洋長途飛行任務宣告中止，[282] 自此 F-104 型機鮮有踏出國門的機會。

1980（民 69）年海洋長途飛行訓練改名「天虎」演習，1981（民 70）年改名「神鵰」演習，區分為甲、乙、丙、丁、戊等五條航線，任務機依指定航線實施對地攻擊一次後，降落至指定之基地，並按潛力計畫完成五分鐘防空警戒待命；F-104 機以降落桃園之海上航行代替，後又因不符戰場需求，改為南、北兩航線，然北航線受到民用航空航線影響，鮮少執行，主要以南航線為主；南航線是由清泉崗基地起飛，經大安溪口、澎湖（吉貝島、東吉島）、小琉球、鵝鑾鼻、蘭嶼後降落臺東志航基地；後更為簡化，直接穿越中央山脈，返回清泉崗降落。

## 藍天演習

1968（民 57）年 12 月 16 日，美軍協防臺海前，為磨

282. 李作復口述，臺中：自宅，2013（民 102）年 3 月 29 日。

練臺灣本島防空系統作戰能力，由美軍扮演攻擊假想敵，中華民國空軍扮演防衛軍，演習空域涵蓋臺北飛航情區臺海中線以東，每年舉辦 4 次，代名「藍天演習」（Dog-Fight In The Blue Sky），對中華民國空軍來說是最大的年度演訓，F-104 型機自成為防空主角，美軍派遣琉球沖繩嘉手納空軍基地的 RB-57 電戰機，以高高度進入我方領空，我 F-104 型機飛行員則著高空壓力衣執行防空攔截演練；另派遣 F-104G 機攜帶 25 磅練習彈任攻擊機，對美軍航空母艦所拖行的水靶進行炸射，考驗我制海作戰能力。

時任空中前進管制官周治賢少校，在松山機場搭乘美軍 C-2 運輸機至 16 號航空母艦上執勤，與美軍共同生活中，始認識到美國海軍強大的作戰能力，非我軍想像。

藍天演習 1970（民 59）、1971（民 60）年共實施 3 次；1972（民 61）年 2 次；1973（民 62）年 1 次；1974（民 63）年 3 次；1975（民 64）年 1 次。[283]

## 伴隨美軍 C-130 空運機執行穿山溝訓練

越戰期間，美軍 C-130 空運機經常來臺，執行穿山溝

283. 空軍總司令部情報署，《空軍戡亂戰史》第 24 冊，臺北：1977（民 66）年，頁 24。

訓練，一般從臺灣北邊蘭陽平原進入，沿中央山脈山谷飛行，抵嘉義阿里山山區後脫離，全程參考雷達高度表飛行，而監視伴隨任務，通常交付第 3 大隊執行，飛行員必須利用 S 形轉彎，放緩速度，才能保持距離，進行跟監。[284]

## 交流訪問

F-104 機部隊自換裝完成後，即成為友邦國家參訪的重點，各國政要不絕於途。如 1980（民 69）年：史瓦濟蘭國王、厄瓜多爾空軍總司令、沙地阿拉伯內政部長、指參學院、韓國大使…等。[285]

## 協助約旦換裝

1973（民 62）年約旦親王哈珊利用訪華期間，至清泉崗基地參觀，並邀約陳衣凡上將及聯隊長陳燊齡少將於 9 月 9 至 15 日赴約旦訪問，[286] 美軍因政治問題不便協助約旦換裝，1974（民 63）年 4 月 21 日空軍乘此機會派遣許

---

284. 史濟民口述，臺中：自宅，2013（民 102）年 6 月 21 日。
285. 周治賢口述及照片佐證，臺中：自宅，2013（民 102）年 6 月 27 日。
286.《中華民國 63 年度空軍年鑑》，臺北：空軍總司令部，頁 97。

大木上校及王璪中校前往約旦，擔任 F-104A 換裝訓練教官；[287]5 月 25 日，約旦王國舉行獨立紀念日空中分列式活動，王璪中校則擔任領隊；1975（民 64）年 4 月合約期滿，[288] 王璪中校續任一年教官後返國，自此奠定兩國永續邦誼。

1979（民 68）年度派遣 F-104 機飛行員 2 員赴美參加 F-104 機出廠 25 週年慶祝大會，支援外交。[289]

## 敦親睦鄰

為增加民眾對 F-104 機運作的支持，減少因失事及噪音問題所造成危害，與地方士紳、中興啤酒廠等多有往來，第 28 中隊更與清水地區青商會結盟，建立良好之民運關係，第 41 中隊田定忠中校更榮膺 81 年度國軍愛民模範。

---

287. 王立楨，《回首來時路：陳燊齡將軍一生戎馬回顧》（臺北：上優文化，2009（民 98）年 8 月），頁 343-345。
288. 傅鏡平，《F-104 星式戰鬥機—中國空軍服役歷史》（臺北：中國之翼，2000（民 89）年 3 月 1 日），頁 20。
289.《中華民國 68 年度空軍年鑑》，臺北：空軍總司令部，頁 82。

# 部隊運作與文化

F-104 機在 38 年的服役期間，一直為空軍的主力機種，國軍所有重要作戰任務從未缺席。1979（民 68）年前空軍的主要任務在準備「反攻大陸」，而後調整為「防衛固守」，時時刻刻都在戰備整備、建軍備戰，部隊並不鼓勵飛行員結婚，因此早期的飛行員比較率性，於飛行時有脫序、不怕死的行為，後期受到軍隊文化轉變及飛安風險觀念的影響，開始訂定各種明確的規範，嚴格要求飛行紀律，一改膽大、不怕死的風氣。[290]

## 全天候

F-104 機中隊飛行員編制 27 員，受到飛行員補充不足時，經常無法滿編，後期為能有效運作，清泉崗與新竹基地各三個作戰中隊分採警戒、作戰與訓練方式，輪流運作。警戒隊專司警戒待命，作戰隊專司各類型作戰任務，同時

290. 周治賢口述，臺中：自宅，2013（民 102）年 6 月 27 日。

保持警戒遞補機，訓練隊專司飛行員訓練；因此於中隊人員缺員情況下，大隊之政訓活動、飛行授課、任務提示、任務歸詢、生活作息等，幾乎多在跑道頭警戒室進行，隊員每月休假平均僅有四天，夜間除有家眷者得以回家夜宿外，光棍飛行員多留在部隊待命（當時的中隊，光棍者多，結婚者少）[291]，所以號稱「全天候」，意即全天在基地內待命及等待的部隊。

1965（民 54）年，陳家儒中校任第 28 隊隊長、副隊長伍廷槐中校，張建碩上尉剛完訓任警戒室值日官（OD），次日還要安排飛行，張員向隊長反應：已連續 27 小時沒有睡覺了，隊長說那改下午飛行吧！此為當時繁重任務可能發生的實況。1968（民 57）年，張建碩剛取得 2 機領隊資格，然中隊夜間需留隊 2 員備戰，其中 1 員為領隊，1 員為完訓隊員，張員因為最資淺，又是光棍，因此天天留隊待命，辛苦異常，當下立定決心報考美軍參謀大學，大隊長張少達上校知悉後震怒，3 大隊又少了一位好不容易才培養完訓的飛行員。[292]

技勤人員更為辛苦，必須瞻前顧後，機務人員工作時

291. 蔡維綱口述，臺中：自宅，2013（民 102）年 6 月 20 日。
292. 張建碩口述，臺北：文良彥眼科，2014（民 103）年 1 月 19 日。

程著重在飛行前後各兩小時間，配合中隊任務起早睡晚，有家的機務人員，天未亮就必須搭乘坐軍用大卡車從清水眷村走山路到清泉崗基地上班；對飛行員之尊重更是表現在低微之處，每當飛行員落地關車，跨腳下飛機時，機工長甚至會用雙手先接住飛行員的飛行靴，置於登機梯正確位置上，避免飛行員未站穩而摔下飛機，細心及安全防護程度，令人敬佩！

F-104機發動機進氣道非常窄小，為確保發動機壓縮器葉片無損，必須甄選身裁瘦小的進氣道士官，於飛行前鑽入進氣道執行安全檢查，工作環境非常差（冬天像蹲冰窖，夏天像蒸桑拿），非常人所能忍受。[293]

1970（民59）至1983（民72）年間，F-104機處於空軍戰力空隙的防衛真空期，為在短時間，增進戰機妥善率，後勤維修人員經常以拆拼維修手段，通宵達旦、日以繼夜檢修戰機，如：發動機在修護專業維修完工後，首先將發動機裝置於試車臺上進行試車，檢測妥善後，再將發動機裝上飛機，裝妥後由機工長拖至試車場進行試車，空電專業要調校空、滿油，飛機要從滿油（5600磅）燃燒至

293. http://tw.myblog.yahoo.com/pei131313/article?mid=4084&prev=1414&next=1660&l=f&fid=22

熄火（0 磅）為止，一連串繁鎖的修護程序，幾乎耗費一整夜的工時。冬季，烙鐵的溫度不夠，維修人員必須圍成圓圈，用棉大衣來遮風，才能進行線束燒焊工作，雖事倍功半，但從沒人因此叫累，形成不加班反而不正常景況，休假中仍惦記著飛機維修狀況。清泉崗基地周邊的居民，更習以為常，未有抗爭情事發生。

1978（民 67）年 8 月 21 日，韋恩颱風過境臺中，清泉崗基地直至 W-06 始得到解除防空戰備的命令，所有跑道頭警戒機始拆除武裝，進行防風栓繫的工作，因風速太大，梁新明少校下令：投入雙倍兵力，用 2 個班 6 個人的力量，以徒手方式搬運飛彈，並送回彈庫，[294] 就因為大夥群策群力，圓滿完成一個個艱困任務。

## 任務為重

F-104 型機因負責臺海空防地一線任務，任務極為繁重，黃東榮在隊期間兼負新進人員之換裝訓練，因此每天飛行批數高達 3 批（早上 2 批、下午或夜間 1 批），體能負荷極大，然從未喊累，基於戰力之提升，回不了家更是

294. 梁新明口述，臺中：自密，2014（民 103）年 1 月 27 日。

常事，公而忘私，其公忠體國之精神讓人欽佩不已。在換裝初期的十年間，失事率高，家眷日夜懸念，常傷斷腸。[295]

1984（民 73）年蔡維綱中校任第 7 中隊隊長期間，中隊僅有 12 名飛行員，連續三個月任警戒隊，但中隊長要求比照訓練隊的標準運作，每日每位飛行員必須輪流執行飛行，接續擔負警戒與飛輔室執勤，疲累至極，但成員並未有任何怨言。

第 12 隊孫培雄中校，因偵照任務時限急迫，任務機剛完成試車，等不及拖車拖回棚廠復原，即跳上飛機開車，直接滑至機棚裝掛相機；在最後裝機鼻時，又發現一顆螺桿滑牙（餘三顆完好），考量不致影響任務遂行，即簽特許飛行，續執行任務，此種冒生命危險之事，F-104 機部隊常見。[296]

## 我是第一

F-104 型機的飛行員都是空軍的菁英。第 35 中隊 U-2 偵查機飛行人員甄選時，都會聯想到第 3 大隊，包括有黃

295. 黃東榮口述，臺北：自宅，2014（民 103）年 1 月 4 日。
296. 陳篤文口述，2013（民 102）年 6 月 11 日，花蓮：401 聯隊 12 隊作戰室。

七賢、范鴻棣、莊人亮、盛士禮[297]、黃榮北[298]上尉等，然受到人事考績制度的限制，在第3大隊的菁英團隊中，無法突顯個人能力，只有在升遷及全軍性競賽中，始窺知一二。

F-104型機部隊沒有出身問題，當年四海幫份子吳家芳、陳周滇、蔡冠倫等員，因報效國家考進空軍官校44期，畢業後因其飛行能力佳，被選入第3大隊飛行，不料吳家芳於1971（民60）年失事殉職，蔡冠倫3度失事（1次跳傘，2次衝出跑道），到達十年的役期後，即選擇轉行，脫下飛行戎裝。

全軍炸射比賽：周治賢少校奪得1969（民58）年個人冠軍，1973（民62）年對地炸射及對空射擊最佳分隊；張光風奪得2面金牌，黃慶營奪得1面金牌；[299]劉壽榮少校奪得1976（民65）年個人冠軍，地靶命中數94發（100發）：應嘉生少校唯一奪得1985（民74）年12月10至14日對空、對地五項競賽課目均達優等成績者。

戰績分最高：由於作戰任務繁重，為確保任務達成，

297. 1964（民53）年5月5日赴美戴維斯蒙頓參與U-2換裝訓練，先後於同年8月14日及12月19日在艾達荷州及亞歷桑納州失事幸運逃生，退訓後於1965（民54）年2月20日返臺。

298. 1966年9月1日調3聯隊部屬軍官，赴美受訓，1967（民56）年3月16日調氣象研究偵察組少校，9月8日執行特種任務時，遭中共飛彈擊落殉職。

299. 黃慶營口述，臺北：自宅，2013（民102）年11月7日。

第 3 大隊規定：凡執行四機以上作戰任務時，須由作戰長以上人員擔任領隊，由於第 28 中隊副隊長及輔導長尚未完成 F-104G 型機複訓，因此全數任務由隊長及作戰長分擔執行，至 1980（民 69）年 9 月 22 日止，周治賢中校個人戰分即累進至 610.5 分，獲頒空軍乾元獎章，為當時作戰部隊作戰績分最高者。

學習績效第一：空軍與臺灣大學（理學院、醫學院）合作開辦為期三個月的航空安全管理進修班，空軍各飛行部隊均派員參加，其中第 7 中隊依序派遣楊定輝、任克剛、應嘉生、王長河等前往就讀，畢業時成績優異均奪得第一名。[300]

保舉特優：代表在軍中服務功業彪炳，且有著作；第 28 中隊副隊長陳明生中校將《F-104 機使用可靠性之專案計畫報告書》發揚光大，加上與投誠的 MIG-19 型機實施空中對抗的經驗，將能量操作、能量比較、負 G 加速、鑽升攻擊、重疊攻擊等戰法，編纂成飛行員使用的講義，並配合空軍總司令部情報署至全軍各飛行部隊巡迴演講，因此獲得 1976（民 65）年度保舉特優的殊榮；[301] 孫國安中校亦若是，於 1979（民 68）年獲得保舉特優，晉任上校主任職；

300. 應嘉生口述，臺中：翔園，2013（民 102）年 6 月 27 日。
301. 陳明生口述，臺中：自宅，2013（民 102）年 7 月 12 日。

接續者有 1981（民 70）年蕭潤宗中校，[302]1982（民 71）年王止戈中校，同獲殊榮。

1988（民 77）年，第 3 大隊情報訓練更獲得年度機艦識別全軍第一名。

## 國軍莒光連隊及國軍英雄

F-104 戰機部隊榮選為國軍莒光連隊：1973（民 62）年首屆中隊級由第 28 中隊（周振雲）奪得、而後 1978（民 67）年第 28 中隊（陳明生）、1980（民 69）年第 28 中隊（周治賢）、1989（民 78）年第 28 中隊（葛熙熊）、1990（民 79）年第 42 中隊（張念華）、1991（民 80）年第 41 中隊（田定忠）；國軍英雄有：1962（民 51）年殷恒源中校、李子豪少校、1975（民 64）年黃山陽、張醒光上尉、[303]1980（民 69）年羅際勳上尉、1981（民 70）年葛廣明上尉、1982（民 71）年穆少文上尉。

國軍莒光楷模：1981（民 70）年馮象華中校，1982（民 71）年譚宗虎中校，1987（民 76）年金乃傑中校、曾章瑞中校，1988（民 77）年周治賢上校、吳慶璋中校、王璉少

302. 蕭潤宗口述，臺北：自宅，2016（民 105）年 3 月 24 日。

303.《中華民國 64 年度空軍年鑑》，臺北：空軍總司令部，頁 49。

校，1989（民78）年沈耀文，1990（民79）年葛熙熊上校、熊湘台中校，1991（民80）年林建戎中校，1992（民81）年游永松中校、喻宜式中校，1993（民82）年邱中彥中校、張復一中校，1994（民83）年游永松上校、趙先覺上校，1995（民84）年李希憲上校、王璉中校，1996（民85）年張鳴群中校，1997（民86）年張鼎禮中校，1998（民87）年劉峰瑜少校。[304]

## 成功不必在我

傅忠毅任大隊長時特重史料的陳展，於1988（民77）年建立第3大隊隊史館，開部隊的先河，將塵封多年的第3大隊歷史文物，開箱陳展，時任第3聯隊聯隊長孫國安，認為至關重要應呈送上級，乃轉送軍史館收藏。

## 部隊長為靈魂

部隊長一定參與每天早上提示，重點在「察顏觀色」，觀察飛行員身心狀況，適不適合當日的飛行，必要時調整序列，減少可能的危險發生。

304.《忠勇報》，1980~1998年。

當隊員或僚機失事殉職時，身為部隊長、教官與長機者，有如喪親之痛，悔恨與自責，痛切檢討失事原因，責任一肩扛起；當隊員犯過時，仍顧及個人尊嚴，規過於私室，揚善於公堂，很少有當眾羞辱及行政處分的舉措；為達成上級交付任務時，會考量個人能力、特性等因素，交付執行並充分授權，同時會傾全力支援，此種兄弟相互扶持，生死與共的情誼，是空軍一脈相承的特有文化。[305]

## 生死與共

長、僚機間，情同父子，同舟共濟，生死與共，空地一家，齊心協力，形塑出 F-104 戰機部隊特殊的向心文化。

某日趙善滔中校率黃東榮少校雙機執行任務，返場時天氣突變，兩次進場皆因未能對正跑道而重飛，黃員飛機告知長機已無餘油，領隊遂命黃員採取單機落地，側聽空地通訊的外埔管報中隊管制員立即主動提供黃員雷達導引，在精準的引導下，飛機幾近接觸跑道時，黃員才目視跑道上的白色中線，觸地後飛機即行熄火，化解一場重大失事事件。

---

305. 葛熙熊口述，臺北：臺北高爾夫球俱樂部，2013（民 102）年 9 月 17 日。

某日周治賢領4架戰機，從清泉崗基地起飛，掩護第12隊執行偵照任務，為防中共偵知，劉勝信駕RF-104機尾隨於後，全程保持無線電靜默，在空中自行脫離編隊，對大陸實施偵照，任務結束後，單機返降桃園落地，而4架編隊完成任務後返降清泉崗，塔台管制員發現：原有5架飛機起飛，落地後清點，居然少了1架，可能是飛機發生失事，於是立即循飛安系統通報督察室，負責盡職。[306]

1984（民73）年7月24日，楊少焜少校帶張琮田上尉執行終昏飛行，準備放夜航單飛，就在返降集合時，回頭發現僚機4342號突然右滾數圈墜海，為遍尋張員下落，長機在失事地點盤旋，直到飛機低油量為止。次日大隊舉行了失事檢討會，才能體認到長機悲痛的心聲:「生死與共，沒有將僚機活著帶回來，長機失職」。部隊長更是難過自責，最不願做的事是去該員寢室貼封條，等候接待家屬，給他們一個交待，那段日子的下午，中隊飛安官經常陪著中隊長去清泉崗基地的廢水處理場，藉釣魚來疏解心緒。

306. 周治賢口述，臺中：自宅，2013（民102）年6月27日。

## 熄火迫降

F-104 型機熄火安全落地記錄者為黃東榮。某日黃東榮少校率僚機葉又青上尉執行緊急起飛任務，起飛航行至臺灣海峽時（清泉崗 270° R/40 浬），發動機發生熄火，黃東榮反應極快，立即投擲外油箱調轉機頭回場，僚機瞬間落後，開啟後燃器始追上長機，進行伴隨，此時已接近黃昏，高勤官命令「跳傘」，黃員並未聽令，順利飄抵高關鍵點（Hi Key）清水上空 15,000 呎，按熄火航線安全落地，此案例成為 F-104 戰機熄火落地的典範。

1971（民 60）年黃東榮中校、王璪中校駕 TF-104G 型 4146 號機執行 200 小時週檢試飛任務（D Check），於清泉崗基地 18 跑道起飛，爬升至西螺河口時發動機發生熄火，滑油壓力及溫度迅速下降，黃員當下拉升成倒飛狀態回場，空速 350 浬 / 時、高度 2 萬呎翻轉（古巴八字）對向跑道，於清除區上空 260 浬 / 時放下起落架，輪子剛就定位，即順風觸地，可說完美的安全落地，從此王璪視黃員為救命恩人。[307]

307. 黃東榮口述，臺北：自宅，2014（民 103）年 1 月 4 日。

## 進場端攔截

1975（民 64）年 4 月 23 日，第 3 大隊李作復中校帶飛新進人員張醒光中尉，駕 F-104G 型機 2 架實施空中攔訓課目，返降時採 GCI/GCA 編隊落地，於放下起落架後，僚機發現長機（4304 號機）左主輪連桿斷掉，機輪成 90° 橫向卡死，立即以無線電告知，李作復囑付其先行落地，自行在機場上空盤旋待命，此時因尚有在空機要先行落地，無足夠的時間在跑道上噴灑泡沫，另飛輔室及高勤官又無類似迫降經驗，關鍵時刻，張醒光落地後在機堡仍未關車，突然想起美軍的 F-4 戰機每月都要在清泉崗基地演練 1 次進場端攔截，於是立即使用無線電向長機建議：「可實施進場端攔截」，[308] 李作復認為可行，於是放下捕捉鈎，在跑道頭成功掛接上 BAK-12，飛機僅左偏滑行約 1,200 呎停於道肩，左起落架及左輪已磨損大半，人安機輕損，成為攔截索迫降成功之範例。[309]

1985（民 74）年 6 月 10 日，第 11 大隊田定忠少校駕 F-104G 型 4378 號機，返場落地時亦因兩個主輪無法伸放，於僅有鼻輪情況下，於清泉崗基地實施進場端攔截，機翼

308. 張醒光口述，苗栗：自宅，2013（民 102）年 6 月 24 日。

309. 李作復口述，〈見證 F-104 戰機換裝與訓練〉，頁 10-13。

派龍油箱破損，迫降成功，人安、機輕損。[310]

## 天氣不良

清泉崗基地因位處大肚山上，冬季時有雲幕及大霧產生，能見度幾近於零，在惡劣天氣中飛行，更是稀鬆平常事，儀器飛行不及格者，不能容身於清泉崗基地。不似北部靠海邊的基地，冬季天氣經常是200呎低雲幕，飛行員只要能下雲（南部基地水平能見度極差、垂直能見度好，順地標，盤旋下降），就能憑藉熟悉的地形飛回基地，所以飛行員多不願意在天氣不良時轉場至陌生機場。[311]

1979（民68）年周治賢任第28中隊中隊長，帶隊執行對抗任務，任務結束後採編隊返航，在雲中飛行時僚機陳敦銘發生錯覺，長機回頭發現僚機的座艙罩與長機相對，接續僚機滾轉消失在雲幕中，在此關鍵時，長機立即呼叫僚機收油門、放減速板，僚機聽令指揮將飛機穩住，長機利用一處雲洞盤旋下降，最後找到僚機，將其帶回落地。

1981（民70）年7月17日，譚宗虎中校任第7中隊中隊長的第2天早晨，執行301戰鬥巡邏兼海偵任務，起

310. 田定忠口述，新竹：自宅，2013（民102）年6月14日。
311. 馮象華口述，臺中：自宅，2013（民102）年6月28日。

飛前基地能見度幾近於零，此時長機戴祥棋少校用無線電呼叫飛機故障滑回，接續由預備機譚宗虎遞補長機，起飛後 27,000 呎始出雲，於是向戰管提出無法執行海上偵巡任務的要求，返降時編隊實施地面雷達管制進場，當達決定高度時，仍未看見跑道，此時僚機發生嚴重錯覺，棄機跳傘，當下長機隱約看見跑道上的白色引導線，此際面臨抉擇：是重飛？還是回頭找僚機？如何面對上任中隊長後的第一件失事？心下一横，先決定落地再說，落地後第一件事，是去急著找僚機，才駕車趕到跑道頭，撞見楊員正乘坐在修護的卡車上，心中的一顆大石頭始得放下。[312]

## 高風險的生涯

依據莫菲定律，空中戰機飛行時無法避免發生機械故障，當戰機發生故障時，飛行員第一時間想到的是設法排除故障，如果戰機無法排除故障且又無法飛返基地時，飛行員才會考慮彈射跳傘，但有些故障雖經完成緊急程序後仍然無法排除，但卻又能維持飛行，此時飛行員多會帶著故障設法飛返基地，並尋求最佳的迫降方式，此期間對飛

312. 譚宗虎口述，臺中：自宅，2013（民 102）年 6 月 27 日。

行員而言，存在相當之風險，如戰機之故障衍生更複雜之狀況、迫降失敗造成機毀人亡等，飛行員為挽救高昂戰機而冒險飛行，必須具有相當之膽識及勇氣，並置個人死生於度外，其驚險可謂「如履薄冰」。

1981（民 70）年，王長河上尉從官校輪調到第 7 中隊，報到的第 1 個晚上，聯隊恰巧在聯合俱樂部舉行晚會，晚會上聯隊長雷定國少將宣布：所有跳過傘的人員請起立，本桌坐在位子上的，只剩下我了，全場未起立的總數可用十隻手指算完，大部分的飛行員都有跳傘經驗。

F-104 型機飛行員一般要有 7~8 年的飛行經驗，才算成熟，可以充分發揮飛機特性，掌控飛機，面對敵機應處。此時年紀正值壯年，且時任至少校分隊長階層，較年輕及老飛行員，對飛機的熱情及責任更深，也由於當時飛機妥善率不佳，經常會主動出擊，至棚廠找剛完成修護工作的飛機，進行試飛，為的只是期望能多增加一架妥善機，供部隊使用。

1987（民 76）年 1 月 5 日，元旦後的首飛日，清泉崗基地剛完成 BAK-12 攔截鋼繩更換，第 3 大隊一批 3 架實施飛行訓練（長機宋孝先、3 號機葛熙熊），2 號機（應嘉生 / 段富珍）於起飛後發現發動機火警燈亮，飛行輔導室值勤官李天翼立即呼叫跳傘，然而應員因沒看到明火決定實施重載落地，保持最大推力鑽升至 5,500 呎低關鍵點（Lo-Key）後，收油門至慢車轉入五邊進場，由於高度過高來不及減速，速度 350 浬即伸放起落架，落地時鼻輪尚未完全放妥，等鼻輪伸放至定位後，始鬆桿觸地，速度 260 浬釋放阻力傘，速度 230 浬（速限 200 浬）釋放捕捉鉤，成功掛接住 BAK-12 攔截網；飛機關車後檢查發現邊界層控制（BLC）管路脫落，高溫的壓縮空氣熔毀了周邊的電線線路及機身蒙皮，幸未造成失事。

1987（民 76）年 7 月 4 日，應嘉生少校（後座許竹君）執行 F-104DJ 型 4593 號機 IRAN 試飛，起飛剛爬升高度到 25,000 呎，飛機突然發生劇烈震動，人員當場被震昏，待清醒時飛機呈現倒飛狀態，立即向戰管呼救準備直線緊急降落嘉義基地，此時指揮管制長由黃植炫（曾任第一後勤指揮部試飛官）輪值，立即協助廓清空域，應員將油門收至慢車，按熄火航線飄降落地，按技令說明定向跑道 1/3 處，於清除區上空放下起落架，此際飛機突然急速下墜，惟仰轉時飛機正確安全落地，由於滾行速度極高立即伸放捕捉鉤，於跑道末端安全攔截成功。

飛機經專業檢查後發現：發動機壓縮器機架有一顆螺

絲鬆脫，造成 927 葉片損毀（原有 1271 片），沒出意外是命大，當然也解開 4520 號機的失事之迷。當日後勤部門連夜完成發動機更換作業，應員於次日將原機飛返清泉崗基地，落地後接獲空軍總司令電話，第一句話就問：「為什麼不換人飛回清泉崗？」應員答：「飛機故障已找到，並完成改正，我是試飛官，並無不妥」，因此獲得長官的嘉許及犒賞獎金。

1987（民 76）年 7 月 9 日，應嘉生少校駕 4301 號機（長機譚宗虎中校）執行大陸沿海偵巡，空中發生滑油警告燈亮，按規定，此時應該選擇跳傘，然應員考量：發動機尚未咬死，應該沒有那麼緊急，乃決定直接降落澎湖馬公基地，然飛機剛行落地，發動機就熄火停車，險些失事。[313]

1988（民 77）年某日葉國豪上尉、李希憲中校駕 TF-104G 戰機於 25,000 呎高空執行換裝訓練課目時，座艙罩爆裂，瞬間造成兩員眼球充血及耳膜受傷，兩員冷靜克服低壓、低溫環境及承受高速強風侵襲，於視力低視度情況下，人機安全迫降新竹基地。

1989（民 78）年 10 月 20 日楊志誠少校、田定忠中校駕 TF-104G 型 4196 號機，起飛後執行重載航線訓練，於

313. 蔡峰安口述，臺中：自宅，2013（民 102）年 7 月 23 日。

進場五邊發動機後段之三號滑油泵浦飛脫，造成發動機渦輪二三級葉片全毀，發動機超溫，滑油壓力指零，推力僅能維持 230~220 浬 / 時，於發動機火警及頻臨失速狀況下，人機安全迫降新竹基地。

1990（民 79）年某日，楊士菁上尉駕 4414 號機執行訓練任務時，發現滑油壓力表無指示，研判發動機滑油系故障，楊員當下立即採取返場處置，並決定返降過程中只要發動機咬死熄火，就馬上彈射跳傘，落地後檢查確證滑油已全部漏光。

1990（民 79）年 8 月 24 日田定忠中校、陳兆明中尉駕 4188 號機執行新進人員儀器飛行訓練，於返場落地時，前起落架無法伸放，於雷雨天氣中迫降成功，機鼻輕損，人安。

1990（民 79）年 12 月 4 日田定忠中校架 F-104G 型 4376 號戰機執行週檢後試飛，起飛後十分鐘於中央山脈上空 20,000 呎處發生熄火，第一次空中開車後再度熄火，於距樂山山頭 1,000 呎始成功完成空中開車，安全返降新竹基地，落地後檢查燃油箱遭外物污染。

## 天之驕子

空軍第 1 後勤指揮部的試飛維護官，是 F-104 型機最受到人員敬重的職務，一指部主要的任務是將飛機拆散後逐項檢試，合格的組件重新進行組裝，不容許有絲毫差錯產生，整個單位的績效，必須經過品管飛試的程序，並將飛機交到部隊手上，才算完成任務；試飛官為求萬無一失，曾立下規矩，天氣不好不飛，飛機有故障不飛，精神不好不飛……，看似試飛官拿翹，其實是要求飛試品質及降低風險，品質管制極為嚴格。

屏東北機場修跑道時，試飛任務轉移至南場實施，但跑道長度比較短，起飛落地時必須格外小心，為不影響運輸機及反潛機起降，中午及星期四莒光日時段，成為試飛的最佳時機，大角度的試飛爬升動作，成為一指部修護同仁上莒光課的另一種視覺饗宴。

飛機 IRAN 組裝試飛，故障複雜且多樣，如地面座艙罩無法關閉、空中斷電、襟翼、起落架釋放時順序不一、無法正常伸放、落地後沒有鼻輪轉向、沒有剎車、阻力傘放不出……，狀況百出，無奇不有，也由於這些經驗的累積，強化了我國 F-104 型機的維修能力，最後成為世界上維修該型機的頂尖高手；能獲得此等殊榮，歸因於部隊長的重視與各級幹部深刻檢討、知錯能改的精神；如：某日上午試飛官試飛完一架阿里山 10 號的飛機，落地後發現飛機機翼上的螺絲，居然飛行中掉落了一地，追究為裝配時未注意螺絲的長短所致，不當安裝，結果當天下午責任所屬的飛修廠第 1 生產課課長遭到撤換處分。[314]

某日一指部試飛官王長河少校執行飛交任務，起飛後新竹天氣突變，雲高不及 200 呎，要求新竹機場實施 GCA 雷達引導 23 跑道進場，當雷達引導到決定高度時，試飛官才看見跑道，此時飛機與跑道成 50° 的交叉角，無法安全落地，於是忍不住用無線電告訴新竹 GCA 台：「你這樣帶飛機，飛行員會跳傘！」於是立即向機場塔台申請實施目視進場，原地作了個 270° 的淚滴型迴轉，安全落地，11 大隊長王武漢上校接獲通知，親自開車至機堡接機，見面的第一句話：「為什麼那麼拼命，居然在禁航天送飛機？」試飛官只能靦腆的回答：「誰知道，天氣怎麼變得這樣壞！」

當阿里山 9 號及 10 號最後一架出廠時，一指部特別舉辦了結案飛交典禮，場面令人感動。其實試飛官的任務，只是肯定所有技勤人員努力的工作成果，代表團隊的榮耀，真正的英雄除了甘冒風險、不畏生死的試飛官之外，還有

314. 張杰元口述，鳳山：東大藝文中心，2016（民 105）年 2 月 28 日。

許許多多默默無聞埋頭苦幹實幹的技勤人員。

F-104 型機操作執行任務，「全天候」即不分晝夜，必須冒著惡劣的天候風險執行任務，夜間兩機雖保持雷達跟蹤隊形飛行，但遇到飛機故障及狀況緊急時，常會來不及用無線電告知他人，即無人知曉故障及失事原因，因此非常多的失事歸類於原因不明。失事後為追根究底，找出失事原因，執行「天安」特檢，也就是重新拆裝或系統檢試，往往過度修護，飛行員在飛飛停停下，對信心已有些動搖，而失事率也一直居高不下。但飛行員身處如此惡劣的環境下，必須心理建設及有堅強的心理素質，才能未削減其工作熱忱，亦未畏縮不前，此根源於強烈的榮譽心、使命感、堅毅無畏的精神、團隊無私的文化與空軍建軍以來保有的優良傳統。

# 失事預防與飛地安措施

美國空軍 1959（民 48）年 8 月 1 日至 1960（民 49）年 7 月 31 日，共發生 76 次飛行失事及意外事件，其中重大失事 23 次，輕微失事 1 次，意外事件 52 次，重大失事率每十萬小時 55 次。美空軍據以提出 29 項改進建議，國軍空軍總司令部督察室特別將這 29 項改進建議編譯成冊，供 F-104 戰機換裝部隊參考以降低飛機失事率。[315]

1970（民 59）年頒布空軍飛機失事及地面失事預防計畫，將飛行安全週示範觀摩，改為飛行安全示範觀摩，[316]1971（民 60）年學習美軍推行「零缺點」計畫，[317]1972（民 61）年度起推行飛安日加強實施飛行檢查，[318]1973（民 62）年設立航空安全管理進修班 2 月及 6 月分別召訓飛安

315.《美空軍 F-100 及 F-104 失事統計分析及 F-104 機試飛實錄》（臺北：空軍總司令部督察室，1963（民 52）年），頁 31-50。

316.《空軍沿革史》第 3 冊，60 年度（1970（民 59）年 7 月 1 日至 1971（民 60）年 6 月 30 日）（臺北：空軍總司令部情報署），頁 657~658。

317. 王立楨，《回首來時路：陳燊齡將軍一生戎馬回顧》（臺北：上優文化，2009（民 98）年 8 月），頁 332。

318.《空軍沿革史》第 3 冊，61 年度（1971（民 60）年 7 月 1 日至 1972（民 61）年 6 月 30 日）（臺北：空軍總司令部情報署），頁 657~658。

官班及主官安全管理班各 2 期，[319]1978（民 67）年起飛安官班受訓學員至第 1 後勤支援處見習兩週，學習噴射發動機工作原理與維護作業。[320]

1972（民 61）年第 7 中隊發生超低空違規事件，部隊長為遏止英雄主義，當下決定中隊解散，進行重組。[321]

1978（民 67）年，第 3 修補大隊進行武器掛載訓練，教官實施座艙解說，手指「拋擲按鈕」警告所有學員：「不得誤觸」，然而意外發生，翼尖油箱隨即彈射，當場擊中位於翼尖油箱旁的 2 號班員，人員殉職，教者無心之過。[322]

1981（民 70）年，第 3 大隊大隊長黃慶營上校推行戒酒與莒光週活動，藉由停發修護獎金等方式，遏制部隊歪風。[323]

基於失事鑑定問題，1984（民 73）年 11 月 19~30 日，空軍在第 1 後勤供應處舉辦 J-79 型發動機意外事件調查訓練，召訓 25 員，[324] 飛行中隊參訓人員有應嘉生、葛廣明、

319.《空軍沿革史》第 3 冊，62 年度（1972（民 61）年 7 月 1 日至 1973（民 62）年 6 月 30 日）（臺北：空軍總司令部情報署），頁 619。

320.《第 1 後勤支援處歷史》（1978（民 67）年 7 月 1 日至 1979（民 68）年 6 月 30 日），頁 24。

321. 蕭潤宗口述，臺北：自宅，2016（民 105）年 3 月 24 日。

322. 梁新明口述，臺中：自宅，2014（民 103）年 1 月 27 日。

323. 傅忠毅口述，臺中潭子：自宅，2013（民 102）年 6 月 27 日。

324.《第 1 後勤支援處歷史》（1984（民 73）年 7 月 1 日至 1985（民 74）年 6 月 30 日），頁 29。因為失事調查是極難之事，美國技術顧問曾經將主控油器放在他桌上，研究了 7 年，才發現其中的某一個 PIN 歪了所造成的問題。

閻中秋等，完訓後獲得美軍頒發之合格證照。[325]

1988（民 77）年 4 月 11 日 F-104J 型 4507 號機五邊發生俯仰無法操縱狀態，油罄跳傘，副總司令孫平中將電召第 3 修補大隊軍電中隊長梁新明中校，赴第 2 後勤指揮部附件廠實地訪查，發現專業未注意液壓伺服器相位（Phase）問題，進行正確調校導致失事，當場品管處液壓股少校股長遭到撤換。[326]

1997（民 86）年元月起，參考美空軍「基地安全日」，每半年全員參與基地安全檢討會議、飛地安課程教育、活動等作為，培養全軍官兵安全意識。[327]

發現飛安工作未能落實，各項缺失層出不窮，因此自 1998（民 87）年度起，每半年由總部督察室定期至各單位實施飛地安輔檢措施，改由部隊自行擬定檢查計畫，總部進行輔導。[328]

然而再完美的制度，仍有失誤之時。1990（民 79）年 3 月 24 日隸屬第 41 中隊之 F-104G 型機 3 架在天候不佳情況失事於場外，當天飛行第一批 07：00 時段飛行使

---

325. 應嘉生口述，臺中：翔園，2013（民 102）年 6 月 27 日。
326. 梁新明口述，臺中：自宅，2014（民 103）年 1 月 27 日。
327. 空軍總司令部，《空軍飛機失事統計分析》（86 年度），1997（民 86）年 9 月，頁 49。
328. 空軍總司令部，《空軍飛機失事統計分析》（87 年度），1998（民 87）年 10 月，頁 33。

用05跑道，但返場時風向已開始轉變為西北風（330至300），海面上的大片鋒面低雲吹向陸地，各批返場均實施精確性雷達進場（GCA）時，雲頂高約1,200呎，在三邊高度1,500呎還在雲上，引導至五邊約500至400呎可出雲目視跑道後落地。第二批10：00時段飛行仍使用05跑道起飛，各批起飛後，由於風向不穩定的轉為西南風（270至240），如以風向風速換算如持續使用05跑，風速將到達順風8哩，按規定此一情況應更換為23跑道，還有另一狀況，即是當時新竹南寮的垃圾焚化爐仍未完成，當時傾倒海邊的垃圾是經常在自燃的情況下冒著煙，如吹南北風向時對機場跑道能見度影響不大，但當時受風向影響，垃圾場的燃燒煙霧已覆蓋跑道7,000呎以北的接地空層，加上鋒面低雲已進入陸地，更換後的23跑道進場能見度已低於1哩，但高勤官在僅考量順風情況下，即下令更換跑道，又召回起飛不久的在空機儘速返場，就在精確性雷達進場臺（GCA）尚未完成轉向架設校準時，由郭建志上尉所駕駛之F-104G型4421號機第一批返場，但就在精確性雷達進場時，進場臺突然掉高壓，因雷達無信號以致無法引導，郭員即在儀器天氣中被強迫轉為目視非精確性進場（Contact approach）的情況下，失事墜毀於新竹基地北跑道頭西北方的新豐山上。

由於郭員飛機失事，高勤官即請作戰部通知所有新竹基地起飛之在空機轉降清泉崗基地，並將跑道關閉。

俟 13 架在空機 11 架轉降完畢後，發現仍有 2 架無通聯及訊息，經空地聯絡均無著落情況下，約近午時，桃園永安派出所通報，有飛機於該轄區魚塘失事。聯隊即派員前往查證，經確認為由李中良少校所駕駛之 4368 號機及胡中英中尉所駕駛之 4385 號機在已建立落地外型編隊進場情況下，撞及魚塘土堤失事墜毀。

由於在一日內發生 3 架了 F-104G 型機的重大失事，應檢討改進之處甚多，因此第 499 聯隊即啟動「竹安計畫」加強失事預防工作。

1996（民 85）年 8 月 11 日，TF-104G 型 4184 號機擔任海峽拂曉戰鬥巡邏，在馬祖海域因發動機附件齒輪箱故障，飛機無法維持高度失事墜毀，飛行員葛季賢中校、李其榮少校彈射跳傘獲救，為國軍空軍最後一架損失的 F-104型機。

F-104 戰機於臺灣服役時間長達 38 年餘，為了國家空防安全及這塊孕育民主的土地，他們的犧牲令人惋惜，也令人景仰緬懷，稱做空中英雄當之無愧；然而還有許多飛行員歷經各種空中危險及戰機故障情況下，不畏個人死生冒險犯難，並以生命做賭注，駕著故障機安全返降的故事，他們的英勇事蹟並未留下太多的紀錄，但這些沒有留下任何危險事件記錄者，也是時代的英雄。（F-104 型機失事紀錄如表 9）

表 9・中華民國空軍 F-104 型機失事紀錄

| 日期 | 任務 | 地點 | 型號 | 編號 | 飛行員傷亡情況 | 失事經過及原因 |
|---|---|---|---|---|---|---|
| 1960/7/20 | 雙座單飛 | 清泉崗 | F-104B | 4101 | 王繼堯上尉安 | 因單座妥善率低，用雙座單飛，第一課，落地未收油門，阻力傘破，未放捕捉鈎，衝出跑道，機燬人安。洋教官只帶飛一課，就放單飛，學員經驗不夠。 |
| 1961/5/5 | 訓練 | 清泉崗 | F-104B | 4102 | 晏仲華中校／于鴻勛上尉殉職 | 衡場內三邊放起飛襟翼時，滾轉墜地失事（當時規定衡場解散時放起飛襟翼）。後緣襟翼致動器之連桿裝反。 |
| 1962/3/3 | 訓練 | 清泉崗 | F-104B | 4104 | 李叔元上校／顧正華上尉殉職 | Clean 飛機落地時讓了兩個航線，五邊熄火，墜於南端 1/2 浬，前座跳傘。 |
| 1962/4/5 | 訓練 | 清泉崗 | F-104A | 4202 | 王乾宗中尉安 | 使用 J-79-3A 發動機，GCA 五邊進場，700-800 呎高度壓縮器失速墜毀。 |
| 1962/7/12 | 緊急起飛 | 清泉崗 | F-104A | 4203 | 王繼堯少校跳傘殉職 | 起飛時發動機熄火墜地，彈射跳傘出座艙時腿斷，傘開仍在擺動時到地。 |
| 1962/10/23 | 拖靶 | 清泉崗 | F-104A | 4222 | 朱偉民上尉跳傘輕傷 | 扳投靶電門時錯扳燃油關斷電門，熄火跳傘。（投靶電門與燃油關斷電門在一塊容易扳錯） |
| 1962/11/17 | 訓練 | 清泉崗 | F-104A | 4213 | 莊人亮上尉安 | 起飛時，左前緣襟翼飛脫，擊傷飛機但仍安降。襟翼絞　內部腐蝕及材料疲勞。 |
| 1963/9/25 | 訓練 | 清泉崗 | F-104A | 4221 | 呂伯力上尉安 | 第二次單飛，滑油壓力擺動，戒備航線返降，四邊高，重落地，跳起後左翼碰地，起落架折斷，出跑道。 |
| 1963/12/18 | 訓練 | 新竹南方 | F-104A | 4208 | 范煥榮中尉殉職 | 空中火警燈亮，場外迫降。 |

| 1964/10/10 | 國慶閱兵 | 土城 | F-104A | 4216 | 林鶴聲少校殉職 | 空中分列式通過後，被集合之三號機撞及。 |
|---|---|---|---|---|---|---|
| 1964/10/10 | 國慶閱兵 | 土城 | F-104A | 4205 | 王乾宗上尉殉職 | 隨伴撞天線之四號機，於返回原編隊時，撞及長機。 |
| 1965/7/20 | 夜間巡邏兼訓練 | 中興新村 | F-104G | 4328 | 雷定國中校跳傘安 | 夜間 90° 機砲攔截訓練任長機，被僚機撞及跳傘。 |
| 1965/7/20 | 夜間巡邏兼訓練 | 中興新村 | F-104G | 4326 | 李佳志中尉殉職 | 夜間機砲攔截僚機，脫離過遲撞及長機跳傘。 |
| 1965/10/18 | 夜間巡邏兼訓練 | 馬公東北 | F-104G | 4329 | 劉憲武中校殉職 | 夜間巡邏兼攔訓失蹤墜海 |
| 1965/11/24 | 緊急起飛訓練 | 南投 | F-104G | 4327 | 傅季誠中尉殉職 | 夜間 GCA 當與 HU-16 回波點重合後，管制官引導錯誤撞山。 |
| 1966/4/28 | 兩機地靶訓練 | 清泉崗 | F-104G | 4324 | 李鉅滔中校安 | 起飛時帶桿無效，放棄起飛，阻力傘未開，捕捉鈎放晚，衝出跑道，飛機焚毀。 |
| 1966/5/5 | 試飛 | 馬公東北 | F-104G | 4316 | 洪聰公少校殉職 | 效能試飛失踪。 |
| 1966/5/24 | 夜間攔訓 | 台中外海 | F-104G | 4330 | 曾龍雄上尉殉職 | 返降時在 GCI/GCA 交接時失踪。 |
| 1967/1/13 | 作戰 | 金門 | F-104G | 4353 | 楊敬宗少校殉職 | 113 空戰後返航失踪。 |
| 1967/4/18 | 雷達攔訓 | 嘉義 | F-104G | 4325 | 鄭德鄰中尉殉職 | 天氣突變改降 KU GCA 不帶 衝場落地（長機落地）兩次未對正砲道，第三次變動作墜地。 |
| 1967/8/25 | 地靶射擊訓練 | 大甲溪外海 | F-104G | 4335 | 應逸星中尉跳傘安 | 起飛後火警燈亮，尾管起火跳傘。噴口設計不良，葉片飛脫多片，將飛尾燒到，墜海。 |
| 1967/11/11 | 炸射訓練 | 嘉義東石 | F-104G | 4346 | 關永華少校殉職 | 大角度投彈及小角度射擊訓練，LAS 第三個航線開槍晚，開長槍，於靶後 486 呎撞地。 |
| 1967/12/4 | 雷達攔訓 | 清泉崗東北 | F-104G | 4310 | 沙國楹少校跳傘安 | RGCI/GCA 於一萬呎高度熄火，開車無效跳傘。後齒輪盒脫落，可能係固定螺絲未保險或保險不當。 |
| 1967/12/25 | 戰鬥攻防訓練 | 澎湖 | TF-104G | 4143 | 孫祥輝少校／黃瑞文上尉跳傘殉職 | ACM 零 G 脫逃，飛機故障不及改出，跳傘墜海，有傘拖現象，人員失踪。可能係液壓系內有空氣造成壓力喪失，操縱失效或鎖住。 |
| 1968/9/16 | 訓練 | 清泉崗北 | F-104G | 4315 | 詹鑑標少校跳傘殉職 | 起飛後發動機熄火，彈射跳傘，傘未全開著地，跳傘晚。 |

| | | | | | | |
|---|---|---|---|---|---|---|
| 1968/12/4 | 空靶射擊 | 海峽 | F-104G | 4331 | 周振雲少校跳傘安 | 箭靶考核，空中熄火，開車不成功跳傘。 |
| 1969/3/20 | 空照訓練 | 桃園外海 | RF-104G | 5626 | 李志立少校殉職 | GCI/GCA 返航進雲，雷達幕上消失 |
| 1969/5/9 | 訓練 | 清泉崗 | F-104G | 4357 | 黃國平中尉跳傘安 | 空中發生轉速下降，返場落地速度大，衝出跑道。 |
| 1969/11/14 | 訓練 | | F-104G | 4321 | 王鴻章上尉跳傘安 | 空中發動機熄火，開車數次未成功，跳傘。 |
| 1970/5/2 | 試飛 | 清泉崗 | F-104G | 4302 | 張光風中校逃脫安 | 起飛剛離地發動機起火，飛機下沉，機腹擦地著火。離地及收起落架過早。 |
| 1970/6/8 | 訓練 | 清泉崗 | TF-104G | 4145 | 溫志飛上校和蕭亞民中校殉職 | 起落航線進場俯角大，仰轉後未及時加油門，下沉快，教官未及時改正，撞及清除區施工水泥蓋，左起落架撞斷，左翼觸地，又碰標示牌水泥座，飛機翻轉起火。 |
| 1971/3/16 | 戰術考核 | 水溪靶場 | F-104G | 4345 | 陳霧中尉殉職 | 固安演習，HAB 脫離晚，未及時改出，淺平撞地。 |
| 1971/5/8 | 儀器飛行 | 湖口水田 | F-104B | 4122 | 夏繼藻中校跳傘、謝在民上尉殉職 | 3 次 GCA 後，推力消失墜毀。 |
| 1971/5/15 | 南運掩護 | 澎湖北方 | F-104G | 4360 | 王法舜上尉殉職 | 對抗演練，高度 12-15M，速度 1 馬赫，大 G 帶起機頭企圖逼出 F-5A 時，空中解體。 |
| 1971/8/11 | 空靶射擊 | 清泉崗南 | F-104G | 4338 | 蔡冠倫上尉跳傘安 | 拖靶任務，電器系失效，無法操縱跳傘。(機背通氣管破，斷電器跳出很多) |
| 1971/8/24 | 訓練 | 清泉崗 | F-104G | 4304 | 曹世釗中尉安 | 在空中油門失效，卡在軍用推力位置，落地時速度過大，觸地後跳起，鼻輪折斷，機尾上翹，撞網未成功。 |
| 1971/11/20 | 訓練 | 大肚山 | F-104G | 4333 | 吳家芳上尉殉職 | 航線內三邊轉四邊，下滑轉彎過早，航線太小，速度過低，失速墜地。 |
| 1972/2/23 | 訓練 | 清泉崗 | F-104G | 4352 | 馬龍光上尉安 | 落地平飄時，機頭突然上仰，失去控制跳傘。(空中已上仰一次，為飛尾侍服器內漏) |
| 1972/6/25 | 北運掩護 | 桃園 | F-104A | 4242 | 馮象華上尉輕傷 | 天氣不良，無線電故障，隨長機編隊落地，落地時距離過近，受長機尾流影響，飛機翻滾，衝出跑道 |
| 1972/7/25 | 訓練 | 清泉崗 | F-104G | 4358 | 蔡冠倫少校灼傷 | 空速表滯在 170 浬，放棄起飛阻力傘未全開，捕捉鉤放晚，衝出清除區起火。 |
| 1972/8/30 | 戰鬥攻防訓練 | 西螺海外 20 浬 | TF-104G | 4148 | 王蓉貴中尉跳傘輕傷／溫寶良少校跳傘殉職 | ACM 零 G 加速課目，飛機失控，無法拉起墜海，前座大速度跳傘人安。 |

| | | | | | | |
|---|---|---|---|---|---|---|
| 1973/6/12 | 夜航訓練 | 清泉崗西南2哩 | TF-104G | 4142 | 盛世禮中校／邵倫少校殉職 | 大雨，夜航GCA故障，太康返降未保持MDA高度撞及大肚山。 |
| 1973/6/16 | 訓練 | 清泉崗機場南1浬 | F-104G | 4351 | 李大明上尉跳傘安 | GCA編隊落地，於雲中重飛時進入長機尾流，失去操縱跳傘。 |
| 1973/8/25 | 戰鬥編隊 | 新竹西南26浬 | F-104A | 4245 | 周錫湘少校跳傘安 | 水平螺旋失速墜毀 |
| 1973/12/10 | 作戰演習 | 海峽 | TF-104G | 4144 | 汪健立上校／汪誕嘉上尉殉職 | 擔任雷達低空測試任務失蹤。 |
| 1974/4/18 | 訓練 | 臺灣海峽 | F-104G | 4305 | 馬萬祥上尉殉職 | 起飛後4千呎進雲1萬呎時長機見其編隊位置落後，1.8萬呎出雲後未見該機。 |
| 1974/6/13 | 戰鬥巡邏 | 新竹 | F-104A | 4260 | 林文禮跳傘安 | 發動機推力喪失 |
| 1974/6/25 | 鵬舉演習 | 臺灣海峽 | F-104G | 4313 | 邰肇賡上尉跳傘安 | 夜攔僚機，於GCI/GCA交接點發動機推力消失，空中開車無效跳傘，被漁船救起。 |
| 1974/8/29 | 轉場 | 屏北機場 | F-104G | 4311 | 蕭澗宗少校跳傘人安 | 送飛機去屏東IRAN，在機場上空放起落架減速板後，飛機突然右滾，無法改正跳傘。 |
| 1974/10/20 | 訓練 | 清泉崗機場南3浬 | F-104G | 4355 | 裴浙昆上尉跳傘安 | 起飛爬升至7000呎時壓縮器失速，經收小油門方式改正後，又陸續發生4次，最後一次發生後，於五邊4浬跳傘。 |
| 1975/7/21 | 台金掩護 | 清泉崗 | F-104G | 4354 | 傅祈平上尉跳傘安 | 起飛後起落架收不上，重載練習GCA，五邊重飛，加油門收起落架後飛機下沉，帶桿點A/B改正無效跳傘。 |
| 1975/9/18 | 戰鬥攻防訓練 | 大安鄉 | F-104G | 4336 | 伍克振中尉跳傘安 | ACM基本攻擊課目2號機，佔優勢位置油門自A/B收至軍用時火警燈亮，長機見左機身液壓板艙下方見明火，返場時因雲幕較低未對正跑道，重飛時失去動力跳傘。 |
| 1975/11/1 | 戰鬥攻防訓練 | 清泉崗 | F-104A | 4261 | 許寧遠上尉跳傘安 | ACM對抗時發動機熄火，開車三次轉速均滯於70-72%，跳傘。 |
| 1975/11/16 | 雷達攔訓 | 清泉崗 | F-104A | 4248 | 許應益上尉跳傘安 | 攔截中，高度27M，空速300浬發動機熄火，開車無效跳傘。 |
| 1976/2/11 | 戰術考核 | 水溪靶場 | F-104G | 4361 | 梁慶平少校跳傘安 | 戰術考核HAB脫離後轉速下降至慢車以下，空中開車無效跳傘。 |
| 1976/7/25 | 攔戰 | 清泉崗 | F-104G | 4334 | 張守屏中尉殉職 | 攔戰演練任僚機與F-100對抗，進入ACM動作後失蹤。 |
| 1976/8/29 | 戰鬥巡邏 | 清泉崗 | F-104G | 4307 | 邰肇賡少校跳傘安 | 起飛後阻尼系失效，返場迫降時發動機熄火，於北端1/2浬處跳傘。 |

| 1976/11/4 | 攔戰 | 清泉崗 | F-104G | 4339 | 童澎上尉殉職 | 攔戰與 F-100 對抗，因翼尖油箱供油慢未進入，在高位觀測，爾後失去連絡。 |
|---|---|---|---|---|---|---|
| 1977/3/2 | 海峽偵搜 | 桃園北跑道頭 | RF-104G | 5636 | 傅祈平少校殉職 | 編隊僚機，能見度不足 GCA 返降撞地失事 |
| 1977/3/2 | 海峽偵搜 | 桃園北跑道頭 | RF-104G | 5640 | 汪顯群少校殉職 | 編隊長機，能見度不足 GCA 返降撞地失事 |
| 1977/5/2 | 訓練 | 基隆外海 | RF-104G | 5638 | 杜伯翔中校殉職 | GCI/GCA 失去連絡墜海 |
| 1977/5/24 | 戰鬥攻防訓練 | 南投 | F-104A | 4257 | 鄧奇傑中尉殉職 | ACM 課目完畢後隨長機作跟踪桶滾，於第三次改出時失去聯絡。 |
| 1978/11/25 | 效能試飛 | 雲林 | F-104A | 4252 | 李天羽中校跳傘安 | 試飛中突然碰一聲，轉速下掉至 67%，加油門無效，推力消失跳傘。 |
| 1979/1/19 | IRAN 試飛 | 屏北 | F-104D | 4163 | 黃植炫中校跳傘安 | 起飛後高度 2000 呎，關 A/B 時壓縮器失速，改正無效跳傘。 |
| 1979/4/25 | 訓練 | 海峽 | F-104G | 4318 | 陳曉明上尉跳傘安 | 編隊，集合返降時發動機轉速自 100% 下降至 70% 空中開車兩次，轉速僅及 55% 不再上升跳傘。 |
| 1980/6/13 | 試飛訓練 | 南投 | F-104D | 4165 | 陳緩成少校／傅忠毅中校跳傘安 | 第二次練習高速失速進場，空速 260 浬進入後，飛機左右擺動，再變成直線滾轉，無法操縱跳傘。 |
| 1980/7/4 | 攔訓 | 桃園外海 | RF-104G | 5634 | 曹吉屏上尉跳傘安 | 發動機著火後液壓失效 |
| 1980/7/19 | 雷達攔訓 | 清泉崗 | F-104G | 4341 | 戴祥棋少校跳傘安 | 起飛後收 AB 至軍用時，轉速下掉推力喪失，開車兩次無效跳傘。 |
| 1980/10/6 | 雷達攔訓 | 清泉崗 | F-104G | 4323 | 伍克振少校跳傘安 | 起飛後收油門至小 AB 時推力消失，發動機有碰啪聲，EGT 720℃、NOZ10 跳傘。主控油器侍服油壓信號錯誤，IGV 部份關閉。 |
| 1980/12/16 | 攔訓 | 桃園外海 | RF-104G | 5630 | 梁玉飛少校跳傘安 | 攔訓二號機，台北引導編隊返降，失速警告無法操作 |
| 1981/2/17 | 訓練 | 清泉崗外海 | F-104G | 4343 | 周大同上尉殉職 | T2 意外復位，GCI/GCA 編隊集合返降，長機隨伴，14M 穿雲時變動作，長機改出，僚機右滾俯衝墜海失蹤。 |
| 1981/7/17 | 戰鬥巡邏兼海偵 | 清泉崗南 1 浬 | F-104G | 4322 | 楊少焜上尉跳傘安 | CAP 兼海偵二號機，GCA 五邊編隊落地，進入長機翼尖渦流及尾流，棄機跳傘。 |

| 1981/11/4 | 飛彈試射 | 清泉崗 | F-104A | 4247 | 毛重九少校跳傘殉職 | 飛彈試射照準四號機，攜帶165GAL派龍油箱2枚及翼尖目標火箭2枚，衝場落地，五邊對正跑道改平時，機頭翹起，左翼下傾，失速改正不當，跳傘。 |
|---|---|---|---|---|---|---|
| 1982/3/30 | 神鷗演習 | 清泉崗北 | F-104G | 4356 | 李元復上尉跳傘安 | 神鷗二號演訓，攜帶ALQ-71/72干擾器，起飛後UHF收發報失效，收回A/B緊接著發動機熄火，高度4千呎，空中開車兩次不成功，2千呎跳傘。可能分動齒輪盒故障或主控油器測油組故障。 |
| 1982/5/25 | 戰術航線 | 海峽 | TF-104G | 4146 | 李勝興少校和王臺新少校失蹤 | 戰術航線二號機，返場換波道時失聯墜海。 |
| 1982/11/14 | 戰術航練 | 南投仁愛武界山區 | F-104G | 4350 | 趙子鈞上尉跳傘殉職 | 戰術航線單飛，失聯墜毀 |
| 1983/6/26 | 雷達攔訓 | 清泉崗 | F-104G | 4359 | 胡宗俊上尉跳傘輕傷 | 集合返降時點A/B失效2次，長五邊進場，8浬放起落架，加油門無法獲得推力，空速遽減，無法操縱跳傘。主控油器內IGV3D凸輪鎖銷與轉軸脫離，使IGV調置錯誤，造成低燃油流量及推力減低。 |
| 1984/4/16 | 戰鬥攻防訓 | 台中外海 | F-104A | 4249 | 田立杰上尉跳傘安 | 集合衝出，急反轉帶起機頭減速，再向長機集合時，飛機進入螺旋未改出跳傘。 |
| 1984/6/27 | 不同機種對抗 | 台中外海 | F-104B | 4121 | 傅中英上尉／王蓉貴中校殉職 | 二號機，與F-5E進入第二次對抗時失踪。可能係高速時主輪艙一邊掉出，飛機劇烈滾轉，人暈眩墜海。 |
| 1984/7/24 | 雷達攔訓終昏訓練 | 台中外海 | F-104G | 4342 | 張琮田上尉殉職 | 終昏飛行僚機，攔訓完畢集合返場，左轉下降至18M時突然向右滾轉，五圈後彈射跳傘張開，入海後人員失踪。可能為右FLAP傳動曲臂斷裂，使飛機急劇右滾。 |
| 1985/12/23 | 雷達攔訓/戰鬥攻防 | 彰化 | F-104A | 4251 | 李俊斌上尉跳傘安 | 台中近場台引導衝場，失控右滾墜毀 |
| 1986/2/14 | 戰鬥巡邏兼海偵 | 清泉崗 | F-104A | 4259 | 陳志恒上尉跳傘安 | 起飛後發動機壓縮器失速，推力喪失 |
| 1986/4/10 | GCA測試 | 清泉崗西勢寮 | F-104G | 4396 | 王華龍中校跳傘安 | 氣候突變，GCA2次進場無法落地，改目視衝場內三邊油盡失速墜毀 |
| 1986/8/7 | 4420飛交後返場 | 屏北 | TF-104G | 4183 | 張明仁少校重傷、任克剛中校彈出殉職 | 水平安定面操縱連桿銷脫落，起飛時仰轉失效，放棄起飛，衝出清除區外500呎 |
| 1986/12/1 | 夜間攔訓 | 海峽 | F-104G | 4402 | 吳尚發上尉殉職 | 夜攔進入6浬轉入攻擊航線後失聯墜海 |

| 1987/2/28 | 單飛隨伴 | 清泉崗 | F-104G | 4374 | 孟憲琨少校安 | 新進單飛隨伴，起飛失敗機腹著陸後焚毀 |
|---|---|---|---|---|---|---|
| 1987/5/14 | 飛交 | 彰化埔鹽鄉 | F-104J | 4520 | 羅際勳少校跳傘安 | 發動機壓縮器失速墜毀 |
| 1987/9/4 | 戰鬥巡邏兼海偵 | 桃園 05 跑道頭西側 | TF-104G | 4191 | 劉煌燦上尉和姜山明上尉跳傘殉職 | 慣性導航失效，天氣不佳轉降桃園，降落失敗 |
| 1987/9/11 | 戰鬥編隊 | 澳花村外海 | F-104G | 4386 | 布其方上尉跳傘殉職 | 發動機火警墜海 |
| 1988/2/8 | 雷達攔訓 | 台中港北防波堤 | F-104A | 4243 | 官鎮福上尉殉職 | 發動機壓縮器失速墜毀 |
| 1988/3/23 | 儀飛 | 宜蘭礁溪 | TF-104G | 4180 | 潘斗台中校和李德安上尉跳傘安 | 發動機熄火 |
| 1988/4/11 | 週檢試飛 | 清泉崗 | F-104J | 4507 | 孫中林少校跳傘安 | 三邊有週期性不正常上仰動作，兩次進場無法操縱飛機，油罄墜毀 |
| 1988/5/31 | 始安鼻錐測試 | 桃園 | RF-104G | 4392 | 郇正中中校輕傷 | GCA 編隊練習，重飛機腹觸地報廢 |
| 1988/5/31 | 始安鼻錐測試 | 桃園 | RF-104G | 5663 | 少校飛行官重傷 | GCA 編隊練習，重飛機腹觸地報廢 |
| 1988/7/8 | 編隊 | 新竹 | F-104G | 4364 | 上尉飛行官安 | 編隊 GCA 進場，偏左修正不當，偏出跑道 |
| 1988/8/19 | 戰術箭靶照準 / 雷達攔截 | 海峽 | F-104G | 4373 | 姚其義少校跳傘安 | 前緣襟翼指示斜紋，艙壓失效，發動機故障墜毀 |
| 1988/9/1 | 不同機種對抗 | | F-104J | 4517 | 上尉作戰官跳傘安 | 水平螺旋墜海 |
| 1989/3/28 | 編隊 | 台中南屯 | F-104G | 4401 | 孫永惠中校跳傘安 | 起飛爬升尾管噴火，火警燈亮，棄機 |
| 1989/5/23 | IRAN 試飛 | 屏東九如 | TF-104G | 4175 | 魏澤堃少校和張金全少校空勤飛修官跳傘安 | 起飛後發動機著火 |
| 1989/12/9 | 戰鬥攻防訓練 | 新竹外海 | F-104G | 4319 | 唐盛家上尉殉職 | 擦撞 4505 墜海 |
| 1989/12/9 | 戰鬥攻防訓練 | 新竹外海 | F-104J | 4505 | 葛金琦上尉跳傘安 | 擦撞 4319 墜海 |

| | | | | | | |
|---|---|---|---|---|---|---|
| 1990/3/24 | 低空攔訓 | 桃園附近 | F-104G | 4368 | 李中良少校殉職 | 編隊長機太康進場，墜毀 |
| 1990/3/24 | 低空攔訓 | 桃園附近 | F-104G | 4385 | 胡中英上尉殉職 | 編隊僚機太康進場，墜毀 |
| 1990/3/24 | 對地炸射 | 新豐山丘 | F-104G | 4421 | 郭建志上尉殉職 | 天氣突變GCA進場，無法目視跑道，重飛兩次後，第三個航線改contact app.墜毀於機場北方新豐山上， |
| 1990/5/16 | 戰鬥巡邏 | 桃園外海 | RF-104G | 4387 | 張復一少校跳傘安 | 發動機故障 |
| 1990/12/5 | 戰鬥巡邏兼方攔 | 清泉崗西40浬 | F-104J | 4511 | 楊士菁上尉殉職 | 閃避、超G解體 |
| 1990/12/21 | 台掩兼偵巡 | 新竹南 | F-104G | 4394 | 戴家直上尉殉職 | GCA航線5邊4浬快速右滾墜海 |
| 1991/7/8 | | 桃園 | RF-104G | 4391 | 郭其揮中校殉職 | 起飛失敗，放棄起飛衝出跑道 |
| 1991/9/7 | 換裝訓練 | 西螺 | TF-104G | 4185 | 葛金琦少校和趙維廉中尉跳傘殉職 | 最大性能課目墜海 |
| 1991/10/3 | 戰鬥巡邏 | 台中西南25浬 | F-104G | 4370 | 王天祐上尉跳傘安 | 機械故障 |
| 1991/10/12 | | | F-104G | 4369 | 張治球上尉跳傘安 | 熄火液鎖失控墜毀 |
| 1992/6/1 | 訓練 | 清泉崗北端 | F-104G | 4312 | 李德安少校殉職 | 起飛後起落架收不上，低空通過後，失速墜毀 |
| 1993/3/4 | 試飛 | 苗栗山區 | F-104G | 4399 | 張復一中校跳傘安 | 改RF-104G機號5664發動機故障熄火 |
| 1996/8/11 | 戰鬥巡邏 | 馬祖外海 | TF-104G | 4184 | 葛季賢少校和李其榮中校跳傘安 | 發動機熄火，液壓失效，經空中起動無效，墜海 |
| 合計 | 戰機損毀114架 | | | | 飛行員62員殉職，67人次逃生。 | |

資料來源：空軍總司令部，《空軍飛機失事統計分析》(49~87年度)，1960（民49）~1998（民87）年8（7~10）月；唐飛講授、裴浙昆綜整，《空軍F/TF104型機歷年失事檢討》(資料時間1960(民49)/7/20~1984(民73)/11/30)，新竹：第499聯隊飛安教育學科資料，1984（民73）年。

## 高失事率檢討

戰機與假想敵的優劣比較，包括飛機性能、飛行員操控能力、情監偵、指揮管制系統，更含括指揮官領導指揮等面向的優劣。我 F-104 機換裝成軍後，掌握了臺灣海峽的空優，平衡了兩岸軍力和維持了海峽安定。隨中國大陸國力與軍力日見壯大之際，中共對臺政策維穩在以和平方式達成統一的目標前進，兩岸彼此大幅開放交流，軍事對峙亦隨之和緩。

隨著國際局勢的變化，美國在中共一個「中國」的政治壓力下，我又無他國戰機來源，加以 F-104 型機繼續老化，零組件來源逐漸中斷後，我 F-104 型機飛行安全已失去保障，而 F-5E/F 型機是美國為友好國家所設計的自衛型戰機，並未具有全天候防空能力。因此在戰備需求壓力下，F-104 型機仍持續免為擔負空防任務，對此，空軍同仁仍以國防為重，甘冒犧牲擔起責任。在此情況下 F-104 型機偏高的失事率應能獲國人諒解。

但自我空軍啟用 F-104 型機開始，該型機之飛行安全狀況即顯較他國差？此時不是事後諸葛亮，如果我們始終不知道制度上犯過些什麼錯？還有那些進步的空間？不是向歷史繳交了一份白卷？因此，在此書付梓之際，探究中華民國空軍 F-104 型機服役期間，高失事率原因歸納分析：

## 國防自主與軍需檢討

（1）當時臺灣國防工業技術能力不足。F-104 型機設計水準跨越時代，遠超過我國當時的工業技術水準，當時國府人員及國防部對航空工業的素養也缺乏，造成後勤維修及認知上的困境。

反觀義大利的 F-104S 和日本的 F-104J 都是以其工業基礎，做了不少構型修改，對飛安提供了不少幫助。其他曾經使用 F-104C/G 的國家也都未有太多失事。但多無邦交，其真實原因無法探究，而無法解謎，是憾事！

（2）F-104A 型機升級任務功能不符國需。F-104G 型機是德國基於威脅需求下產物，其將所有性能優異的裝備都安裝進飛機系統，以執行高高度防空攔截及低高度滲透攻擊等主要任務。此機型而非針對臺海敵情設計的戰機，因此在規劃我飛行員訓練科目及戰術戰法的配套，衍生後續飛安問題。

（3）F-104G 型機超出飛行員操控負荷重。F-104G 型

機係集先進科技之大成，複雜的空電系統與優異的飛機性能，通常需要兩位飛行員操作，單人駕駛，飛行員負荷較重，非但無法發揮其高速、靈活特性等全功能，致飛行員無法全面反應操控，反成為危安的主因。

## 制度面檢討

### 1. 後勤類

（1）修護體系未一元化影響。空軍修補大隊維修單位與中隊機務室停機線工作人員，在經管上同屬維修人員但卻分屬不同單位管轄，易造成人員修護經管的問題，且偏離了一元化（一條鞭）的精神，直接影響維修。

（2）臨戰與備戰的影響。為避免戰時戰機遭奇襲損傷，而進行防空疏散配置，也導致戰機停機位置大幅分散，連帶影響平時維修工作效率與負荷，例如二次液鎖事件，造成二架飛機失事。

（3）飛行後面詢與書面記錄。F-104G 型機航電四系統甚為複雜，飛行後之故障排除，需要修護人員面詢飛行人員，詳實瞭解故障情況，便於故障排除。上級未重視，下級隨日久玩忽，重回以往飛行員填寫 DD-781 表故障欄的方式，因而不易說明故障緣由，造成修護工作未能掌握故障重點，造成浪費工時與降低系統品質功能，甚至成為飛安隱憂。

（4）修護紀律未落實影響。各後勤單位或人員不遵守修護紀律，均可能直接或暫時影響安全或效率，形成大小不等的災難，或一時隱藏的事故或災難，如此更浪費有限的資源，例如德國封存發動機修護事件[329]。上至後勤司令部都會因循苟且，甚至包庇故縱，後勤紀律自難維繫。

**2. 政策與計畫類**

（1）國軍指參教育內涵置重心於戰略、戰術與戰技，忽略了人、時和物的管理學問。戰爭可能數十年未見來臨，但管理龐大軍隊的人力、物力，從資源的籌措、管理和運用，卻無分秒可容停頓，以及講究效益而無浪費。如何獲得，和有效的運用有限人力、財力，於效用最具效益處，有先進的管理學可用。否則將可能人、財的無效浪費而不自知，因此可從指參教育深耕人、時、物的管理教育。

（2）精進士官制度未能落實於部隊基層。國人普遍觀念輕視士官，但空軍甚為重視技術士官，但招訓員額仍嚴

329. 即向德國購買的封存發動機，採購之初，德國即再三叮嚀僅可用於拆零，而後勤單位簡單檢查檢後，便宜行事，直接裝上飛機，肇致試飛時發動機故障熄火，人員跳傘；當時的後勤司令林世芬已因另案被起訴，並移送法辦。

重不足，以兵代士情況普遍，影響修護品質至巨，此為國軍通病。

（3）退役潮對空軍飛行員缺員造成嚴重衝擊，進一步影響飛行安全。自 1973（1992）年起開放飛行員服務年滿 15 年可依法申請退役，正值民航業榮景，對飛行員需求殷切，退役潮形成空軍飛行員斷層。

（4）上級對換裝 F-104 型機之飛行與修護人員有選優晉用的政策，亦認為有其必要性，但卻未貫徹執行。種下了自阿里山 4 號起失事率增高的主要原因之一。

（5）上級要求 F-104G 型機是能擔負空地任務的全能機種，因此卻種下了不安全的潛因。F-104G 是多功能戰機，但全能的飛行員卻難於培養及保持，這是 F-106、F-4 等雙座戰機出現的原因。我空軍的 F-104G 型機部隊除授予專責擔負防空和爭取空中優勢任務，另亦須熟練空對地支援任務，肇致飛行員無法達到任務專一和訓練專精。

（6）領導者對換裝結果具決定性因素。阿里山 2 號與 4 號同樣接受 F-104G 型機換裝訓練，前者的成功與後者的失敗的一個重要原因在於領導者，執行上最大的區別在有經驗、有準備、有規劃、精選人員、落實訓練為主要影響因素；也就是中隊長的企圖心和計畫執行力之差異，上級因 2 號之成功而大意輕忽。飛行員都慎選，遑論領導者的影響程度了。[330]

（7）空軍沒有增購 F-104 型機飛行模擬機和系統模擬器進行訓練，此等裝備對飛行訓練而言是成本低而效益高的教具，當時的決策實令後人無法理解。

（8）錯誤失事預防的觀念。空軍曾有領導倡言修復零缺點計畫和飛行零失事率。但美空軍對非作戰之飛行失事率預防雖努力，但從未準備將「安全目標」放在「零」上，因為要倡言「零」，「少做少錯」心理會誤導有人放棄「進取動力」。而飛行工作原就具有高風險的特性，如果要求零失事則必然會造成「不做不錯」，「能不飛就不飛」，或為避免風險而放棄進步，將埋下戰場敗陣的種子。

綜觀以上，從失事率比對分析，使用 F-104 型機看似都有高失效率的西德與中華民國，但究其西德飛機總數達 916 架，失事 292 架；而我空軍 238 架（其中還包括 60 餘架備用的拆零機），失事 114 架，概算我空軍失事率仍高出其二倍。仍可見空軍在建軍發展多面向的不完善與不足。在檢討之餘，回顧不能忽略的是 F-104 型機的性能包線較

330. 相對於德國、日本是在德州（State of Texas）及亞利桑那州（Arizona）進行初、中、高三級分段式的紮實訓練，訓練成效與危安因素自然降低。

F-100A、F-5A/B/E 型機大得很多，對維護和飛行運用的要求、壓力、挑戰和風險都倍增。

空電四系統提升了 F-104G 型機的戰力，也對空地人員的學術水準提高了要求，錯誤的代價和風險同樣的增加，不幸阿里山 2 號換裝計畫的成功，給上級一個錯誤的訊息。阿里山 4 號換裝計畫中即發生重大事故，自此 F-104G 又陷入 F-104A 型機同樣的命運，也未見有人檢討過。但掌握了臺海空優，換臺灣的安定和繁榮，也無人能否定。

自此以後，未再能獲得新型戰機，而 F-104G 型機服役超過原規劃壽期，到了航材無來源依賴拆零之地步時，空防戰備壓力仍壓在身上，無法兼顧安全時，高失事率結果是必然的事。

所幸 2000（89）民年同時獲得三型新戰機時，被航空界人士評為「不可能完成的任務」，而結果是四個新機成軍計畫均在如期、如質和如預算的完成時，展現了空軍的潛力。另有專文介紹，不在本文中探討。

# 除役與歷史定位

圖 27・ 中華民國空軍 F-104 型機除役典禮

1998（民 87）年 5 月 22 日，中華民國空軍在清泉崗基地所舉行 F-104 型機除役典禮，最後一架執勤的 TF-104G 型 4186 號機，前座由第 12 隊胡瑞鴻中校駕駛，後座為第 2 聯隊聯隊長葛光越少將，從新竹基地起飛降落清泉崗基地，加入 6 架展示除役機的行列。葛光越少將步下戰機，向當時的空軍總司令黃顯榮上將報告：「F-104 任務完畢！」並親手將戰機模型呈交黃顯榮總司令 ( 如圖 27)，自此 F-104 型機在台海的奮鬥歷史，終於寫下句點。

中華民國空軍使用 F-104 型機計 38 年餘，歷經臺海兩岸空中力量的相對優勢、等勢、劣勢三個時期，以中共獲得MIG-21型機及F-104型機在日益老舊的時空背景下，艱苦卓絕地負擔著戰備任務，嚇阻中共犯臺企圖，維持臺海安全，居功厥偉。

我國空軍的優秀素質，使我們能最先獲得F-104型機的美國盟友，也是臺海和平的基石，全天候作戰能力及速度優勢，成為臺灣空防主力，除擔綱攔截護航歷次中共投誠飛機外，有效制壓中共空軍，迫使中共嚴禁其戰機出海15浬，[331] 服役期間，護衛著領空，使本島從來沒有發放過真情況的防空警報，促使我國得以在安定的環境中發展經濟，獲得傲人的經濟奇蹟。

戰機速度快，反應時間短，稍有不慎即鑄成大錯，戰備任務又特別吃重，飛行員均為一時之選，在國家處境艱難，特質條件缺乏，以及武器裝備獲得不易的年代，披星戴月，堅守崗位，無怨無悔付出的空軍健兒們，創造了諸多可歌可泣的事蹟；千錘百煉的戰備演訓任務中，更造就了不少卓越的領導、管理人才，為空軍殫心竭慮，建立制度，使空軍在強敵當前，物力維艱的處境下，始終是一支小而強，不容小覷的勁旅，奮鬥歷程中，締造了無數的光榮事蹟。[332]

空軍飛行部隊是空軍領導幹部培育的搖籃，空軍基地

331. 孫平口述「吳榮根攜帶的飛行資料夾中所列」，林口：自宅，2013（民102）年3月23日。

332. 葛熙熊口述，臺北：臺北高爾夫球俱樂部，2013（民102）年9月17日。

面積廣闊、作戰機支援單位眾多，空防任務繁重艱鉅，此等均需優良的領導統御才能、博廣的專業學識及前瞻的計畫作為等，才能勝任及駕御，因此歷任之大隊長，均拔擢為空軍將領，為空軍建軍備戰及優良完美的制度，繼續奉獻才智。

臺灣服役 38 年餘，黃榮北個人飛行時數屢創世界飛行記錄，美國洛克廠為表彰其功績，1973（民 62）年 7 月 2 日派遣顧問組長致贈第 427 聯隊周振雲、黃榮北等飛行人員 F-104G 型機飛行 1 千小時及 2 千小時榮譽獎牌；10 月 29 日致贈第 499 聯隊閻海卿、李天翼、陳緩成 2 倍音速飛行紀念章及給鐘佩珍紀念品 1 份，[333] 爾後年度凡達千小時紀錄者，向洛廠去函，即可獲得銀線或金線縫製之紀念胸章乙枚。

然而任職在 F-104 型機終壽期的部隊人員，精神壓力相當大，中隊編配隊員普遍不足，在戰場環境限制下必須擔負全天候空防戰備，工作及時限壓力遠非常人所識，雖然飛行失事率較其他使用國家為高，計有 114 架墜毀，62 名飛行員殉職，犧牲的飛行員階級最高者為上校副聯隊長，

333.《空軍沿革史》第 3 冊，63 年度（1973（民 62）年 7 月 1 日至 1974（民 63）年 6 月 30 日）（臺北：空軍總司令部情報署），頁 955~958。

階級最低者為中尉飛行官，年齡多在 25~35 歲，失事的戰機，以肇因分析：機械因素 51 件，佔 44.7%；人為因素 50 件，佔 43.9%；原因不明者佔 13 件，佔 11.4%。其中更有不少戰機於空中發生故障後，飛行員並未選擇棄機跳傘，仍然力圖挽救國家昂貴之武器裝備，企圖返場落地而失事殉職者，可謂慘烈悲壯。

由前述失事肇因分析可瞭解，凡從事飛行有關工作者，不論空技勤人員，對於裝備的熟悉，以及對於各項規定、程序的瞭解與遵守，在確保飛行安全上是至為重要的。

優秀的戰鬥機飛行員＝技術＋學識＋勇氣＋一點運氣[334]；遇問題：不慌、不忙、不急、不燥、不亂，照顧好家庭與小孩。[335]

「空戰出英雄，地勤一半功」。F-104 型機自換裝成軍，即擔負起 24 小時全天候防空戰備。直至換裝 IDF 經國號戰機止，未曾有解除戰備一日之機會，中隊機務室多數修護士官，終其役期服務於同一工作，待遇又偏低，其工作精神與付出值得吾等敬佩。除役典禮時未見有給於維修人員適當表揚，是被遺忘的一群。

334. 陳明生口述，臺中：自宅，2013（民 102）年 7 月 12 日。
335. 黃東榮口述，臺北：自宅，2014（民 103）年 1 月 4 日。

## F-104 型機在臺灣的軍事戰略價值

我國之 F-104 型機，為防空作戰性能優越之戰機，為掌握制空權之重要力量。依據空權理論，在武裝衝突發生時，掌握制空權，國防安全才能獲得保證，就 F-104 型機對中華民國之國防安全而言，其貢獻極為重大，然為獲得空防安全，是優秀的飛行員用生命換來的，代價慘重。

其次，對我國之武器獲得而言，於 1960（民 50）年代即獲得全世界最先進戰機，戰力一夕之間成長銳不可擋，遏阻了共黨的侵略企圖，並於爾後的 40 年間持續保持兩岸間的戰略優勢，直至獲得新一代之經國號戰機、F-16 戰機及幻象戰機完成戰備，服役取而代之，完成了世代接替，可謂是角色重要，使命艱巨。

和平不可能憑空獲得，和平是在戰場上打出來的。在狼煙四起波濤壯闊的年代，F-104 戰機的空技勤人員，都為我國的空防安全付出了無數的血淚與代價，他們從不計較個人得失，築起空防的長城，使國家的空防邊疆得以確保，不讓敵人潛越半步，在光陰歲月的流轉與消逝中，留下來的是讓人緬懷的輝煌歲月與讚嘆，正因為有他們的無悔的努力付出，國家才能在風雨飄搖的年代中絕處逢生，迴避了共產赤燄襲捲臺灣後的鬥爭清算，繼而穩定發展，始有今天的民主自由生活，當年在臺海萬里長空中犧牲的飛行健兒，全是國家社會與家庭中優秀的青年兒女；回顧歷史，他們是值得大家尊敬的，也值得表彰的。

國家為表彰此一功蹟，2000（民 89）年起執行「飛遠專案」[336]，將歷次空中作戰有關的照相膠片由中央研究院進行數位化，交內政部實施文物典藏，提供後人運用；更因此，照相技術隊被賦予「承遠專案」任務，籌建了負片掃描設備等，持續後續建檔工作，預定於 2027（民 116）年完成，永留青史。

因曾努力所以造就了深刻。F-104 型機部隊在空軍屹立不搖，舉足輕重的地位，從起到落，一路走來，始終如一，義無反顧，勇往直前。隨著物換星移，F-104 型這般優秀的戰機，終有卸下重任的一天，再看不到她優美劃過天際的英姿，再聽不到她豪情萬丈如狼嚎的低吼。在臺服役超過 38 個年頭，空軍勵精圖治的每一段過程，她始終站在歷史的關鍵時刻，老兵不死，祇是凋零，我們緬懷過去的光榮歲月，以及曾經凌雲御風，駕馭著 F-104 型機，以大無畏的勇氣及無私的熱忱，捍衛領空的空軍健兒們，致上最崇高的敬意。[337]

---

336.「飛遠專案」中「飛」代表唐飛，「遠」代表李遠哲，當時由兩人促成此案。

337. 葛熙熊口述，臺北：臺北高爾夫球俱樂部，2013（民 102）年 9 月 17 日。

# 用生命築長城：F-104 星式戰鬥機臺海捍衛史

作　者／王長河　葛惠敏
指　導／唐飛
美術編輯／了凡製書坊
責任編輯／ twohorses
插畫提供／ Wsonic Wu
企畫選書人／賈俊國

總 編 輯／賈俊國
副總編輯／蘇士尹
編　　輯／高懿萩
行銷企畫／張莉滎・蕭羽猜・黃欣

發 行 人／何飛鵬
法律顧問／元禾法律事務所王子文律師
出　　版／布克文化出版事業部
台北市中山區民生東路二段 141 號 8 樓
電話：(02)2500-7008 傳真：(02)2502-7676
Email：sbooker.service@cite.com.tw
發　　行／英屬蓋曼群島商家庭傳媒股份有限公司城邦分公司
台北市中山區民生東路二段 141 號 2 樓
書虫客服服務專線：(02)2500-7718；2500-7719
24 小時傳真專線：(02)2500-1990；2500-1991
劃撥帳號：19863813；戶名：書虫股份有限公司
讀者服務信箱：service@readingclub.com.tw
香港發行所／城邦（香港）出版集團有限公司
香港灣仔駱克道 193 號東超商業中心 1 樓
電話：+852-2508-6231　傳真：+852-2578-9337
Email：hkcite@biznetvigator.com
馬新發行所／城邦（馬新）出版集團 Cité (M) Sdn. Bhd.
41, Jalan Radin Anum, Bandar Baru Sri Petaling,
57000 Kuala Lumpur, Malaysia
電話：+603- 9057-8822　傳真：+603- 9057-6622
Email：cite@cite.com.my
印　　刷／韋懋實業有限公司
初　　版／ 2021 年 05 月　2.8 刷 2024 年 02 月
定　　價／ 300 元
ＩＳＢＮ／ 978-986-5568-29-0
ＥＩＳＢＮ／ 978-986-5568-56-6(EPUB)


城邦讀書花園 www.cite.com.tw　布克文化 WWW.SBOOKER.COM.TW